JN042776

やさしい

家庭電気・情報・機械

薮　哲郎 著

講談社

はじめに

　現在の私たちの生活は、電気なしでは成り立たないと言っても過言ではないでしょう。私たちは多くの電気製品を使って生活しています。スマホ、タブレット、パソコン、テレビなどの情報機器、エアコン、電灯、掃除機、冷蔵庫、炊飯器、電気ケトル、電子レンジ、洗濯機、などの家電製品、私たちが使う電気製品は 10 個以上あるでしょう。

　これらの電気製品を適切かつ安全に使うには、そのしくみを理解する必要があります。しくみを理解するには、電圧、電流、電力に対する知識など、電気の知識が必要です。電気は使い方を間違えると、感電死したり火災を起こしたりすることがあるので、正しい知識のもとで使うことが必要です。

　本書の目的は、電気製品を適切かつ安全に使うための知識を身につけ、それを生活の役に立てることです。読者の予備知識としては、中学校の理科で習う範囲の知識を想定しています。いくつかの箇所で、高校化学や微積分の知識を使いますが、知らなくても読めるようにしました。

　1 章では電気について考えるための基礎知識を学習します。

　2 章では電気を安全に使うための理論と知識を学びます。

　3 章はガスについてです。電気は重要なエネルギー源ですが、ガスもまた重要なエネルギー源であり、電気とは異なった長所・短所があります。電気とガスを適切に使い分けることも重要なので、3 章ではガスについて学習します。

　4 章では生活家電のしくみと正しい使い方を学びます。

　5 章では最近進歩が著しい照明の分野について学びます。

　6 章では情報家電について学びます。

　これらの学習を通じて、家電製品や情報機器を正しく使えるようになるでしょう。本書は全ての電気製品を網羅しているわけではありません。また、電気製品は進歩が速いので本書に書いてあることは古くなってしまうかも知れません。しかし、本書で「考え方」を身につけたなら、新しい電気製品に対しても、正しい見方ができるようになるでしょう。それでは、勉強を始めましょう。

薮　哲郎

（注意 1）

　筆者は正確な情報を記述するよう最大限の努力をしますが、誤りが含まれているかも知れません。本書の記述内容によって生じた不都合な事態に対しては、責任を負いません。誤りやお気づきの点などがあれば、下記のアドレスへメールでお知らせ下さい。サポート用 Web サイトで告知し、次の版からは修正します。

yabu@cc.nara-edu.ac.jp
サポート用 Web サイト　http://denki.nara-edu.ac.jp/~yabu/katei-denki/
（やさしい家庭電気・情報・機械　サポートページ　誤り訂正　最終更新　薮哲郎　で検索するとヒットするようにします）

（注意 2）

　本書では計算を行うことがありますが、本書で扱う計算は、だいたいの値がわかれば十分なので、有効数字 2〜3 桁で計算します。3 桁目か 4 桁目を四捨五入、あるいはきりのよい数値に丸めますが、少しいい加減な部分もありますので、本書に書かれている数値と皆さんが計算をフォローして得た数値は、有効数字の一番下の桁が異なるかも知れません。わずかな数値の違いは気にせず読み進めて下さい。

（注意 3）

　単位の表し方は、例えば 3 m（さんメートル）を表すとき　3 m　が正しい表記で、3 [m] や　3（m）は誤った表記です。m　は「1 メートルの長さ」を表します。3 m は
　　　$3 \times m$
を表します。「無次元量 3」と「1 メートルの長さを表す m」の積です。単位はローマン体（直立体）を使います。イタリック体を使ってはいけません。長さを未知数として L のようにイタリック体で表すとき、この L の中に 3 m などの値が入ります。L がどのような単位の量なのかを示すため、L [m] のように括弧をつけて表すことがあります。物理量（長さや重さ）や定数（例えばボルツマン定数）はイタリック体で表します。ゆえに書体によって物理量なのか単位なのかを見分けることができます。

（注意 4）

　本書では計算をするとき、単位も含めて計算します。例えば、1 人 100 円ずつ持っており、5 人いるとき、合計金額は
　　　100 円 / 人 × 5 人 = 500 円
のように計算できます。「人」は約分されて「円」だけが残ります。単位の割り算や約分に慣れていない人には違和感があるかもしれません。

目 次

第1章 電気の基礎知識

　電気を理解するには電圧・電流など理科の知識が必要である。本章では電気の基礎知識を身につけ、電気の見方を養う。そして身につけた知識を用いて計算を行い、学校で習った理論が生活の役に立つことを学ぶ。

=1.1　電気の用途

　私たちは多くの電気製品に囲まれて生活している。これらの電気製品は、電気の利用法という観点から、大きく2つに分けることができる。

　1つは電気を「エネルギー源」として使う利用法である。このタイプの電気製品の消費電力は大きい。もう1つは電気を「情報を処理・伝送する」ために使う利用法である。このタイプの電気製品の消費電力は小さい。具体的な消費電力については 1.14 節で学習する。ここでは電気製品をどのように分類できるかを見る。

● エネルギー源として使用する

　電気エネルギーを「運動」「熱」「光」などのエネルギーに変換して使用する。各用途に対応する電気製品の例を挙げる。

- 運動エネルギーに変換する（モータ）…… 掃除機、洗濯機、扇風機、エアコン、冷蔵庫など
- 熱エネルギーに変換する …… 電気ストーブ、電気ケトル、コタツ、電子レンジ、炊飯器など
- 光エネルギーに変換する …… 電球、蛍光灯、LED

● 情報を処理・伝送するために使用する

　電子回路を使って情報（文字、音声、画像、動画）を処理あるいは伝送する。以下の電気製品がある。

- パソコン、タブレット、スマホ …… コンピュータの一種
- テレビ、ラジオ、電話機 …… 昭和の時代からある製品

=1.2　電気の長所と短所

電気の長所と短所について述べる。

● 電気の長所

1　様々な用途に使える
2　電線を張るだけで、エネルギーが光速で伝わる
3　無線で情報やエネルギーを伝送することができる

3つの項目についてもう少し詳しく解説する。

● 様々な用途に使える

　エネルギーの形態として「電気エネルギー」「化学エネルギー」「位置エネルギー」「運動エネルギー」「熱エネルギー」などがある。電気エネルギーは運動・熱・光など多種多様なエネルギー形態に高い効率で変換できる（変換時のロスが少ない）。電気は上質なエネルギーである。なお、変換時のロスは熱エネルギーになる。

　電気以外のエネルギーは、他のエネルギー形態に変換するときの損失が大きい、あるいは変換するのが困難である。例えば、火力発電所は熱エネルギーを電気エネルギーに変換する設備であるが、その変換効率は 40 ％ ～ 60 ％程度である。熱エネルギーは最も使いづらいエネルギーである。時間が経つと散逸してしまうという性質があるからである。

● 電線を張るだけで、エネルギーが光速で伝わる

　暖房手段として灯油ストーブと電気ストーブを比較する。灯油ストーブを使うには、灯油をストーブの場所まで運ぶ必要がある。トラックなどの運送手段が必要であり、運ぶためにもエネルギーが必要である。また時間もかか

る。それに対して、電気は電線を張るだけでエネルギーが光速で移動する[1]。電気ストーブが熱エネルギーを放出しているとき、そのエネルギーは同時刻に発電所で作られている。発電所から電気ストーブの間は電線中を電磁エネルギーが伝搬しており、その速度は光速である。

● 無線で情報やエネルギーを伝送することができる

電波を使うと電線を張らずに情報を送ることができる。また電線を使わずにエネルギーを送ることもできる。

スマホ、テレビやラジオは電波を使って情報を送受信している。

Suica や ICOCA などの IC カードは、本体内に電源を持たない。ファラデーの電磁誘導の法則を利用して外部からエネルギーを受け取って動作する。スマホなどの非接触充電、電気自動車へのワイヤレス充電も同様の技術である。

未来の技術として、マイクロ波送電という技術がある。マイクロ波[2]を用いてエネルギーを送る技術で、大きなエネルギーを遠距離送ることは現時点では困難であるが、以下の用途が期待されている。

- ドローンへの送電
- 宇宙太陽光発電における地上へのエネルギー伝送

● 電気の短所

電気の短所は大量の電気エネルギーを蓄えるのが難しいことである。原則として、今使う電気エネルギーは今発電する必要がある。

バッテリー（蓄電池）は電気エネルギーを化学エネルギーに変えて蓄える方法であるが、そのエネルギー量は小さく、エネルギー密度[3]も低い。スマホ、ノートパソコン、電気自動車などで使われているリチウムイオンバッテリーは、最もエネルギー密度が高いバッテリーであるが、同じ重量のガソリンと

1　場所 A に電池とスイッチ、場所 B に電球があり、2 本の電線で接続されている場合を考える。「場所 A のスイッチを on にしてから場所 B の電球が点灯するまでの時間」は「場所 A から場所 B まで光が伝わるのに必要な時間」と等しい。

2　周波数が 300 MHz 〜 30 GHz（波長 1 m 〜 1 cm）程度の電磁波をマイクロ波という。「マイクロ」は短い波長であることを意味し、波長がマイクロメートルという意味ではない。

3　エネルギー密度は「重量エネルギー密度（Wh/kg）」と「体積エネルギー密度（Wh/L）」の 2 つがある。おおよその傾向として、重量エネルギー密度が高い電池は体積エネルギー密度も高い。

比べると、そのエネルギー密度は一桁以上低い[4]。電気自動車の弱点の一つは航続距離が短いことであるが、その根本的な要因は、リチウムイオンバッテリーのエネルギー密度がガソリンに比べて圧倒的に低いからである[5]。

現時点で大量の電気エネルギーを蓄えることが可能な設備は揚水発電所である。揚水発電所は、電気エネルギーを水の位置エネルギーに変えて蓄える。夜間の余剰電力を用いて、水を上部貯水池へくみ上げ、電気が必要な昼間に落下させて発電する。しかし、設置できる場所は限られており、個人が持てる設備ではない。

将来的には電気エネルギーを水素に変えて蓄える方法が実用化されると思われる。水を電気分解すると、水素と酸素に分かれる。燃料電池は水素を酸素と反応させて発電する技術である。ただし、それが実用化されるのは筆者の予想では 2030 年では無理で、2040 年以降であると思われる。水素は常温では圧縮しても液体にならず、700 気圧のような高圧気体として貯蔵する必要があり、取り扱いが難しい。圧縮するためにエネルギーが必要である。また燃料電池には希少金属で高価な白金が触媒として必要である[6]。以上のように水素をエネルギー源として扱うには、超えなければならないハードルが色々とあり、それらが全て解決するまでは、電気を蓄える方法の主流はリチウムイオンバッテリーとそれを改良した全固体電池であると筆者は予測する。

リチウムイオンバッテリーと水素を用いた蓄電方法以外にも蓄熱発電や重力発電など様々な方法が提案されている。筆者はあまり有望とは思わないが、

4　石油系燃料のエネルギー密度はおおよそ 10600 kcal/kg ≒ 12000 Wh/kg であり、リチウムイオン電池のエネルギー密度は 200 Wh/kg 程度である。60 倍もの差がある（出典 :https://pub.nikkan.co.jp/uploads/book/pdf__file4fa08a3c3ccbf.pdf「日刊工業新聞リチウムイオン電池の基本」で検索）。

5　モータの効率とガソリンエンジンの効率を考慮すると、この差はかなり縮まる。モータのエネルギー効率（電気エネルギーのうち動力に変わる割合）は 80 ％ ～ 90 ％であり、回生ブレーキ（減速するときに発電してバッテリーを充電する）を使えるのに対して、ガソリンエンジンのエネルギー効率（燃焼エネルギーのうち動力に変わる割合）は 20 ％ ～ 30 ％程度である（ハイブリッドカーやエンジンで発電してモータを回すタイプの車は 40 ％程度）。そして、ブレーキを踏んで減速するときは、運動エネルギーを熱エネルギーに変えて捨ててしまう（モータを搭載するガソリン車を除く）。暖房については、電気自動車は暖房のために追加のエネルギーを使うのに対して、ガソリン車はエンジンの廃熱を使って暖房するので、暖房のために余分なエネルギーは使わない（ファンを回すためのエネルギーは必要であるが、そのエネルギー量は小さい）。

6　白金を必要としない燃料電池が研究されているので、この問題は解決されるかもしれない。

将来は現在あまり注目されていない蓄電方法が主流となっているかもしれない。

=1.3 電圧

電気を流そうとする力を電圧といい、単位は V である。回路図や方程式の中で電圧を表す文字としては、V または E を用いる。E は電源の電圧を表すときに用いる。V はどのような場所に用いてもよい。

電圧には直流（DC：Direct Current）と交流（AC：Alternating Current）がある。直流と交流については、1.10 節で説明する。

表 1.1　代表的な電源とその電圧

電源	電圧
乾電池	DC 1.5 V
ニッケル水素電池	DC 1.2 V
リチウムイオン電池	DC 3.7 V
USB 端子（スマホ用 AC アダプタ）[7]	DC 5 V
鉛蓄電池（車のバッテリー）	DC 12 V
コンセント	AC 100 V

代表的な電圧の値を表 1.1 に示す。表中の 4 種類の電池のうち、充電できる電池は「ニッケル水素電池」「リチウムイオン電池」「鉛蓄電池」の 3 つである。

ニッケル水素電池は乾電池と同じ形をしており、乾電池の代わりに用いることができる。子供用のおもちゃ（例：プラレール）など電池の消耗が早い機器に用いると便利である。

リチウムイオン電池は充電できる電池の中で、最もエネルギー密度が高い。スマホ、モバイルバッテリー、ノートパソコン、電気自動車など、小型化が必要な場所で用いられる。リチウムイオン電池はエネルギー密度が高いが、その反面、非常に危険な電池でもある。正しく扱わないと、発熱、発火、爆発などの危険がある。リチウムイオン電池に釘を刺したり、ハンマー

7　ここでは ▭▭▭▭ の形をした Type-A 端子を想定している。2022 年の時点で ⊂══⊃ の形をした Type-C も普及しつつあり、Type-C の場合は接続する機器によって 5 V、9 V、15 V、20 V に変化する。

で叩いたりしてはいけない。また、専用の充電器以外で充電してはいけない。YouTube で「リチウムイオン電池」「発火」で検索すると爆発する動画を見つけることができる。

現在、開発が進められている全固体電池は、リチウムイオン電池と同じ系統に属する電池で、リチウムを用いる方法であるが、エネルギー密度が 3 倍程度高く、将来有望な蓄電池である。

鉛蓄電池は安価で大容量なので、車のバッテリーに用いられる。車のアクセサリーコンセントからは直流 12 V が出ており、車のヘッドライトは直流 12 V で点灯させる。インバータを購入して車のアクセサリーコンセントに接続すると、車中で交流 100 V が使える。

パソコンの USB 端子、スマホ充電用の AC アダプタ、モバイルバッテリーからは直流 5 V が出ている。筆者が電子工作の世界に入った 2009 年の時点では、直流 5 V は電源電圧としてそれほどポピュラーではなかったが、2022 年の時点では電子工作の電源電圧として、非常にポピュラーな電圧である。

=1.4 電流

図 1.1 のように電流は電子の流れである。ただし電子の移動方向と電流の方向は逆である[8]。電流の単位は A である。電流を表す文字としては I（Intensity of Electricity）が用いられる。1 A の定義は「1 秒間に導線の断面を通過する電荷量が 1 C[9] のとき 1 A」である。1 秒間に導線の断面を通過する電荷量が

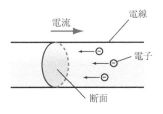

図 1.1　電流の定義

2 C なら電流は 2 A であり、2 秒間に 1 C の電荷が導線の断面を通過するなら電流は 0.5 A である。

---

8 これは電流の正体が未解明だった時代に、「電流は電池の ＋ 極から − 極へ向かって流れる」と定義したためである。後に電流の正体は電子の移動であり、電流の向きと電子の移動方向は逆であることが判明したが、そのままでも不都合はないので、電流の向きと電子の移動方向は逆のままになっている。

9 C（クーロン）は電荷量を表す単位であり、電子 1 個の電荷量は $-1.602176634 \times 10^{-19}$ C である。

「導線内の電子の移動速度」と「電気が伝わる速度」は全く異なる。電気が伝わる速度は光速（3×10^8 m/s）であり非常に速い。それに対して電子の移動速度は、断面積が 1 mm^2 の銅線に 1 A の電流が流れるとき 0.07 mm/s であり、非常に遅い [10]。

=1.5　抵抗とオームの法則

電気の流れを制限する働きを抵抗といい、単位は Ω である。抵抗値が大きいほど電流は流れにくい。抵抗を表す文字としては R（Resistance）が用いられる。図 1.2 の回路において、電圧 V、電流 I、抵抗 R は以下の関係がある。

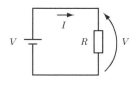

図 1.2　オームの法則

$$V = IR \tag{1.1}$$

(1.1) をオームの法則といい、電気の世界で最もよく使う公式である。変形して、次のようにも書ける。

$$I = \frac{V}{R} \tag{1.2}$$

$$R = \frac{V}{I} \tag{1.3}$$

練習問題

10 V の電池に 5 Ω の抵抗を接続した。抵抗を流れる電流は何 A か？

抵抗を 5 kΩ に交換した。電流は何 A になるか？

答え

$$10 \text{ V} \div 5 \text{ Ω} = 2 \text{ A}$$

$$10 \text{ V} \div 5 \text{ kΩ} = 2 \text{ mA}$$

2 つめの計算は $10 \div 5 = 2$ という数字の計算と $1 \div \text{k} = \text{m}$（$1 \div 10^3 = 10^{-3}$）という SI 接頭語（以下で説明する）の計算を別々に行うと、間違うこ

---

10 e を電子 1 個の電荷量（-1.6×10^{-19}C）、n を自由電子の数密度（銅の場合 8.5×10^{28} 個 /m^3）、v を自由電子の平均速度（単位は m/s）、S を断面積（単位は m^2）とするとき、電流 I は $I = envS$ である。この式に代入すると、上記の値が得られる。

となく迅速に計算できる。

SI 接頭語について表 1.2 にまとめる。

表 1.2 SI 接頭語

記号	読み方	意味	記号	読み方	意味
k	キロ	10^3 （千）	m	ミリ	10^{-3} （1/ 千）
M	メガ	10^6 （100 万）	μ	マイクロ	10^{-6} （1/100 万）
G	ギガ	10^9 （10 億）	n	ナノ	10^{-9} （1/10 億）
T	テラ	10^{12} （1 兆）	p	ピコ	10^{-12} （1/1 兆）

左側を見ると k → M → G → T は 1000 倍 （10^3）ずつ大きくなっている。以下の関係がある。

$$1000 \text{ k} = 1 \text{ M}$$

$$1000 \text{ M} = 1 \text{ G}$$

$$1000 \text{ G} = 1 \text{ T}$$

右側を見ると m → μ → n → p は 1/1000 （10^{-3}）ずつ小さくなっている。SI 接頭語のうち、μ だけはギリシャ文字である（m と入力し、フォントを Symbol に設定すると表示できる）。ギリシャ文字が使えないときは u で代用する。全角文字の μ を使うことはお勧めしない。

電子回路においては、抵抗は kΩ のオーダー[11] であることが多く、電流は mA のオーダーであることが多い。練習問題で解いた 10 V ÷ 5 kΩ ＝ 2 mA のように「k（キロ）で割ると m（ミリ）になる」というパターンや、10 V ÷ 2 mA ＝ 5 kΩ のように「m（ミリ）で割ると k（キロ）になる」というパターンが頻出する。

大きな数同士のかけ算を暗算で行うとき、k や M を使うと計算が楽に行える。例えば「10 万人に 1 万円ずつ配ると何円必要か？」という問題を解くとき

$$10 \text{ 万} = 100 \text{ k} \qquad 1 \text{ 万} = 10 \text{ k}$$

を利用して

---

11 「オーダー」は物理学や工学で用いられる用語で桁数を意味する。工学では大まかな値を表すときに、それは 1 桁なのか、2 桁なのかという捉え方をする。10 のオーダーと言えば、2 桁程度の値であることを意味する。ここでは、さらに広い範囲の値を表すために「mA のオーダー」という言葉を使っている。これは単位として mA を使うという意味なので、1 mA ～ 1000 mA 程度の範囲であることを表す。

$$100 \text{ k} \times 10 \text{ k} = 1000 \text{ M} = 1 \text{ G} \quad (\text{k} \times \text{k} = 10^3 \times 10^3 = 10^6 = \text{M})$$

と計算できる。この方法を使うと 10 億円という答えが暗算で求まる。ただし、M は 100 万、G は 10 億、T は 1 兆は暗記しておく必要がある。

=1.6　いろいろな物質の抵抗率

図 1.3 のように断面が 1 m²、長さが 1 m の物質の抵抗値を電気抵抗率（単に抵抗率ということもある）という。単位は Ωm である。断面積が S [m²]、長さが l [m]、抵抗率が $\overset{\text{ロー}}{\rho}$ [Ωm] の導線の抵抗 R は次式で得られる。

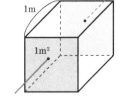

$$R = \rho l / S$$

すなわち、抵抗値は長さに比例し、断面積に反比例する。主な物質の抵抗率と比重を表1.3に示す。

図 1.3　抵抗率の定義

表より、銀と銅が非常によく電気を通す。一番電気をよく通す金属は銀であるが、銀は高価なので、電線としては通常は銅が使われる。

アルミニウムも電線の材料として使われる。アルミニウムが使われるのは以下の 2 つの場合である。

表 1.3　主な物質の抵抗率と比重（20℃のとき）[12]

	物質名	電気抵抗率（Ω m）	1 cm³ の重さ（g）
導体	銀	1.59×10^{-8}	10.5
	銅	1.69×10^{-8}	8.96
	金	2.21×10^{-8}	19.3
	アルミニウム	2.71×10^{-8}	2.70
	鉄	10.1×10^{-8}	7.87
	ニクロム線	$108 \sim 112 \times 10^{-8}$	
半導体	ゲルマニウム	0.46	
	シリコン	10^3	
絶縁体	ゴム	$10^{10} \sim 10^{15}$	
	ガラス	$10^9 \sim$	

12　出典　導体の電気抵抗率は「改訂 6 版　化学便覧 基礎編」日本化学会　丸善出版（2021）の p.1023 の値を利用して 20 ℃の値に換算。ニクロム線は JIS C2520-1999 のニクロム線 1 種、2 種の値。半導体の電気抵抗率は「元素大百科事典」朝倉書店（2007）による。ゲルマニウムは 25 ℃、シリコンは 0 ℃のときの値である。絶縁体は「理科年表」（2022）の p.75 より引用。比重は「元素大百科事典」朝倉書店（2007）より引用。

- 大きな鉄塔間の送電線 ……… 送電線は電線の重量を軽くする必要がある。アルミニウムは銅に比べると電気抵抗率は約2倍であるが、比重は約1/3である。同じ質量のアルミニウムと銅で同じ長さの電線を作ることを考える。アルミニウムの比重は銅の1/3だから、アルミニウム線の体積は銅線の3倍である。電線の長さが同じであるから、アルミニウム線の断面積は銅線の3倍となる。断面積が3倍になると、抵抗は1/3になる。総合すると2×1/3 = 2/3であり、アルミニウム線の抵抗値は銅線の2/3となる。抵抗値が低い方が送電損失が少ないので、大きな鉄塔間の送電線にはアルミニウムが用いられる。ただし、アルミニウムは張力に弱いので、中心部に銅の線を入れて補強している。

- IC（Integrated Circuit：集積回路）内部の配線 ……… アルミニウムは銅に比べると、ICの材料である半導体の上に配線を形成するのが容易である。ただし、近年では微細化が必要な箇所では銅配線のICが実用化されている。

アルミニウムはクラーク数[13]7.56（3位）であり地球上に大量に存在するのに対して、銅はクラーク数0.01（25位）であり、希少金属である。銅はリサイクルせねばならない。アルミニウムは地球上に大量に存在するが、アルミニウムの原石（ボーキサイト）を精錬してアルミニウムを生産するのに大量の電気エネルギーが必要である。エネルギー節約のため、アルミニウムもリサイクルせねばならない。

金は電気伝導率は銅やアルミニウムより劣るが、極めて安定な金属であり、さびない。高級なAV機器やオーディオ機器は接続端子が金メッキされており、安定した接触状態を保つ。

鉄は最もポピュラーな金属である。銅よりも電気抵抗率が高いため、電線として用いられることはないが、電車を動かすための電気回路の一部は鉄である。図1.4に示すように、電車は「変電所－架線－電車－レール－変電所」

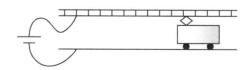

図1.4　電車の回路

13　地球の表面から16 kmまでの間にある元素の割合を百分率で表したもの。1, 2, 4位は以下の通り：（1）酸素（O）49.5，（2）ケイ素（Si）25.8，（4）鉄（Fe）4.70

という回路により動く。レールは鉄でできている。電線は断面積が 2 倍になると、抵抗は 1/2 になる。鉄のレールは非常に太いため、十分に低い抵抗値となる。レールとレールのつなぎ目は、レールボンドと呼ばれる部品で接続されている。

電気抵抗率は物質による差が極めて大きい。半導体という物質がある。導体と絶縁体の中間くらいの電気抵抗率を持つのでこのような名前が付いているが、導体に比べるとその電気抵抗率は百万倍以上ある。半導体は文字通り「半分電気を通す」物質であるが、「半分」という言葉の意味は、「0 と 1 の間の 0.5」ではなく、「『1 億（10^8）』と『1 億分の 1（10^{-8}）』の間の『1（10^0）』という意味である。すなわち、指数形式（10^3 のような形）で表したときに、指数部の値が半分になる（半分というより中間の値という方が適切かもしれない）ことを意味する。

=1.7　電力

電気機器の消費電力の単位は W（ワット）である。ワットは 1 秒間に消費するエネルギー（単位は J：J の定義は 1.12 節で説明する）を意味する。ある電気機器の消費電力が 1 W なら、その電気機器は 1 秒間に 1 J 消費し、2 秒間なら 2 J 消費する。100 W の電気機器は 1 秒間に 100 J 消費し、2 秒間に 200 J 消費する。300 J を 10 秒間で消費する電気製品の平均消費電力は

$$300 \text{ J} \div 10 \text{ s} = 30 \text{ J/s} = 30 \text{ W} \quad \text{（s は second すなわち秒の意味）}$$

である。単位について、以下の関係がある。

$$W = J/s$$

数式中で電力を表す文字としては P（Power）を用いる[14]。抵抗にかかる電圧を V、抵抗を流れる電流を I とするとき、抵抗が消費する電力 P は次式で与えられる。

$$P = VI \tag{1.4}$$

オームの法則である $V = IR$ あるいは $I = V/R$ を用いると、電力を求める式は以下のように変形できる。場合に応じて適切な式を用いればよい。

14　パワーといえば通常は「力」を意味するが、電気工学の世界ではパワーは「電力」を意味する。「電力工学」は英語で power engineering である。

$$P = VI = \frac{V^2}{R} = I^2 R \qquad (1.5)$$

練習問題

抵抗にかかる電圧が 100 V、流れる電流が 10 A である。この抵抗の消費電力は何 W か?

答え

100 V × 10 A = 1000 W

上記の練習問題は電圧と電流が既知で、電力が未知であった。電力の計算問題において、次の問題のように電力のみが与えられる場合がある。この問題は日本のコンセントの電圧が 100 V であることが暗黙の了解となっている。

練習問題

家庭のコンセントに接続した電気ストーブが 1000 W 消費している。流れる電流はいくらか。この電気ストーブの抵抗はいくらか。

答え

1000 W ÷ 100 V = 10 A

100 V ÷ 10 A = 10 Ω

=1.8　電力量

電気製品が消費するエネルギーの量(電力量)は Wh(ワットアワー) という単位で表すことが多い。数値が大きくなるときは kWh(1 kWh = 1000 Wh)を用いる。エネルギーの消費量を Q、消費電力を P、機器の運転時間を h(単位は時間 (hour)) で表すと、以下の関係がある。

$$Q\,[\text{Wh}] = P\,[\text{W}] \times h\,[\text{h}] \qquad (1.6)$$

例えば、200 W の電気製品を 3 時間使ったなら、消費した電力量は

200 W × 3 h = 600 Wh

である。「W(ワット)と h(アワー)をかけると、Wh(ワットアワー)になる」と覚えれば良い。

ある電気ストーブを 10 時間運転したとき 12 kWh の電力量を消費したとする。平均消費電力 P は

$$P \times 10 \text{ h} = 12 \text{ kWh} \quad \text{より}$$
$$P = 12 \text{ kWh} \div 10 \text{ h} = 1.2 \text{ kW} \ (1200 \text{ W})$$

である。

● 電気料金

電気料金は 1 kWh あたりの値段で表す。2022 年 10 月の時点で 1 kWh は約 30 円である。

【 練習問題 】

800 W の電気ストーブを朝の 8 時から夜の 12 時まで使った。1 kWh が 30 円と仮定すると、電気料金はいくらか。このペースで 1 ヶ月使い続けたとき、電気料金はいくらか。ただし 1 ヶ月 30 日として計算しなさい。

答え

1 日に使った電力量（エネルギーの量）は

$$800 \text{ W} \times 16 \text{ h} = 12800 \text{ Wh} = 12.8 \text{ kWh}$$

である。電気料金は

$$12.8 \text{ kWh} \times 30 \text{ 円} /\text{kWh} = 384 \text{ 円}$$

である。1 ヶ月の電気料金は

$$384 \text{ 円} / \text{日} \times 30 \text{ 日} = 11520 \text{ 円}$$

である。かなりの出費である。

=1.9　放電容量と電力量

モバイルバッテリーやスマホの内蔵バッテリーの容量は m A h という単位で表される。計算するときは、mAh を Ah に直してから計算する。1000 mAh = 1 Ah である。

放電容量が X [Ah] のバッテリーは「X [A] の電流を 1 時間流し続けることができる」能力を意味する[15]。

15　ここでは放電容量を X で表したが、これは本書ローカルな記号である。通常は W が使われる。W は電力の単位ワットと紛らわしいので、X を使用した。

電流の定義は「1秒間に導線の断面を通過する電荷量」だから、電流を半分にすればバッテリーの持続時間は2倍になる。10 Ahのバッテリーは、10 Aの電流なら1時間、5 Aの電流なら2時間、1 Aの電流なら10時間流し続けることができる。

容量を X [Ah]、流す電流を I [A]、持続時間を h 時間とするとき、以下の関係がある。

$$X\,[\text{Ah}] = I\,[\text{A}] \times h\,[\text{h}] \tag{1.7}$$

「A（アンペア）とh（アワー）を掛け算すると、Ah（アンペアアワー）になる」と覚えればよい。

● バッテリーの電力量（エネルギー量）

バッテリーの電圧が V [V]、放電容量が X [Ah] のとき、そのバッテリーは VX [W] の電力を1時間供給し続けることができる。満充電のときに蓄えているエネルギー量 Q [Wh] は次式で与えられる。

$$Q\,[\text{Wh}] = V\,[\text{V}] \times X\,[\text{Ah}] \tag{1.8}$$

「ボルト [V] とアンペア [A] をかけるとワット [W] になり、h はそのまま残る」と覚えればよい。

リチウムイオンバッテリーの電圧は表1.1より3.7 Vである。3000 mAhのリチウムイオンバッテリーが持つエネルギー量は、3.7 Vの電圧で3 Aの電流を1時間流し続けることができるエネルギー量である。次式で計算できる。

$$3.7\ \text{V} \times 3\ \text{Ah} = 11.1\ \text{Wh}$$

スマホ充放電問題

内蔵のリチウムイオンバッテリーの容量が3000 mAhのスマホを充電する（iPhone X以降のiPhoneのバッテリー容量はおおむね3000 mAh程度）。ACアダプタの出力は5 V、1 Aとする。リチウムイオンバッテリーが空の状態から満充電になるのに必要な時間はいくらか？　満充電の状態から電池残量が0になるまで、10時間使えたとする。平均消費電力は何Wか？　スマホを満充電するのに必要な電気料金はいくらか？　ただし1 kWhを30円

として計算しなさい。

答え

内蔵電池が蓄えるエネルギー量は（1.8）より

$$3.7 \text{ V} \times 3 \text{ Ah} = 11.1 \text{ Wh}$$

である。一方、充電器の出力は（1.4）より

$$5 \text{ V} \times 1 \text{ A} = 5 \text{ W}$$

である。満充電に必要な時間は（1.6）より

$$11.1 \text{ Wh} \div 5 \text{ W} = 2.22 \text{ h} \fallingdotseq 2 \text{ 時間 13 分}$$

である。

図 1.5 に示すパソコンの USB 端子は、上側の黒い 2 個が USB 2.0 端子で、下側の青い 2 個が USB 3.0 端子である。USB 2.0 端子は 0.5 A、USB 3.0 端子は 0.9 A の電流を流す能力がある。USB 2.0 で充電する場合、最大電流量は 0.5 A である。出力 1 A の充電器で充電するのに比べると、電流量が 1/2 なので、2 倍の時間が必要である。

計算上の充電時間は上記の通りであるが、実際に満充電になるまでの時間はこれより長くなる。その理由はリチウムイオンバッテリーの充電は実際は図 1.6 のように行われるからである。

図 1.5　USB 端子

最初は定電流充電と呼ばれ、一定の電流で充電を行う。定電流充電では充電器の最大能力を使う。満充電近くなると、定電圧充電に切り替わる。定電圧充電では充電電流は徐々に低下する。定電圧充電に移行するのは、8 割以上充電した後なので、計算通りの時刻で満充電にならなくても、ほぼ満充電に近い状態になっている。

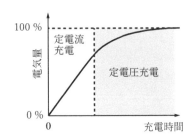

図 1.6　リチウムイオン電池の充電曲線

　次に、スマホの平均消費電力を求める。11.1 Wh のエネルギーを 10 h で消費したとき、平均消費電力は（1.6）より

$$11.1 \text{ Wh} \div 10 \text{ h} = 1.11 \text{ W}$$

である。スマホの消費電力は 1 W 程度であり、非常に小さい。

　スマホのバッテリーが蓄えるエネルギーは 11.1 Wh であった。11.1 Wh = 0.0111 kWh であり、1 kWh が 30 円だから、満充電するために必要な電気料金は

$$0.0111 \text{ kWh} \times 30 \text{ 円} / \text{kWh} = 0.333 \text{ 円}$$

である。スマホの電気代は非常に安い。

=1.10　直流と交流

　直流と交流の電圧波形の例を図 1.7 に示す。横軸が時間、縦軸が電圧である。電池の電圧は直流でコンセントの電圧は交流である。直流は DC（Direct Current）、交流は AC（Alternating Current）と表されることもある。

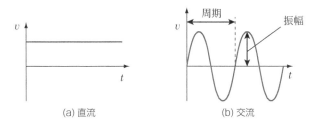

(a) 直流　　　　　　　(b) 交流

図 1.7　直流と交流

　交流は電圧が時間変化し、その形状は正弦関数（sin、cos で表される関数）である [16]。1 秒間に振動する回数を周波数といい、単位は Hz である。周波数を表す英文字は f（frequency の頭文字）が使われる。家庭のコンセントに来ている電気の周波数は東日本は 50 Hz、西日本は 60 Hz である。境界は太平洋側は富士川（静岡県）、日本海側は糸魚川（新潟県）である。このようになった理由は、明治時代に日本に電気が導入されたとき、東京電灯（現東

16　発電機は「回転する磁石」と「固定したコイル」という構造を持つため、出力される電圧波形は正弦関数の形になる。

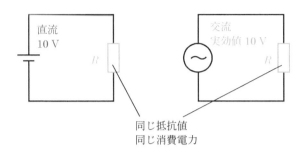

図 1.8　実効値の意味

京電力）はドイツから発電機を輸入し、大阪電灯（現関西電力）はアメリカから発電機を輸入したからである。現在ヨーロッパは 50 Hz、アメリカ・カナダは 60 Hz である。

　交流電圧は時間変化し、一定でない。代表値として**実効値**（Effective Value）を用いる。実効値は直流換算値を意味する。図 1.8 のように、直流の 10 V と実効値が 10 V の交流は、同じ値の抵抗（値は何でもよい）を接続したとき、同じ消費電力になる。

　実効値 V_e と振幅 V_m は以下の関係がある。

$$V_m = \sqrt{2} \times V_e \tag{1.9}$$

この様子を図 1.9 に示す。

　なぜ $\sqrt{2}$ という係数が現れるのかは次節で説明する。家庭用電源の交流 100 V は実効値である。電圧の最大値と最小値は（1.9）にあてはめて、±141.4 V である。理由は 2 章で説明するが、送電には交流を使う。ゆえに家庭のコンセントに来ている電圧は交流である。一方、パソコン、スマホなど多くの電気機器は低い直流電圧（通常は 20 V 以下）で動作するので、交流を直流に変換してから利用する。

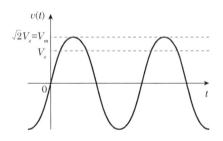

図 1.9　交流の振幅と実効値の関係

=1.11　交流の電力

電力の計算をするとき「電力＝電圧×電流」という公式を利用した。これは直流の場合である。交流の場合は、少し複雑になる。本節では交流の電力について学習する。

図1.10のように、抵抗 R に交流電圧 $v(t)$ を加えたときの電流 $i(t)$ は図に示すような形状になる。交流においても以下のオームの法則が成立する。

$$v(t) = R \times i(t)$$

交流をイメージするのはなかなか難しい。電流がプラスマイナスに変化することは、電流の方向が時刻によって変わることを意味する。導線中の電子の移動速度は非常に遅いことを考えると、電子は小さな範囲で前後に運動することになる。筆者は電気工学の世界に入ってから30年以上経つが、交流回路をそのようなイメージで理解しているわけではなく、直流と同じイメージで捉えている。

交流は電圧と電流が時間変化するので、電力も時間変化する。

電圧を $v(t)$、電流を $i(t)$、電力を $p(t)$ で表すと直流と同じ次式が成立する。

$$p(t) = v(t) \times i(t)$$

図1.10に示すように電力 $p(t)$ は時間変化する。図中灰色で示した領域の面積を平均したものが交流における電力であり、一点鎖線で表す。

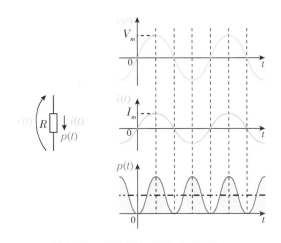

図 1.10　抵抗における電圧・電流・電力

　直流では抵抗 R に電圧 V をかけたとき、(1.5) より電力は $P = V^2/R$ であった。交流の場合、電圧を

$$v(t) = V_m \sin \omega t$$

で表すと、電力は

$$p(t) = \frac{V_m^2 \sin^2 \omega t}{R} = \frac{V_m^2}{R} \frac{1 - \cos 2\omega t}{2}$$

となる。平均すると $-\cos 2\omega t$ の項は消えるので

$$\frac{V_m^2}{2} \frac{1}{R} = \left(\frac{V_m}{\sqrt{2}}\right)^2 \frac{1}{R}$$

となる。直流の式と見比べると、$V_m / \sqrt{2}$ の項が直流電圧に対応する。ゆえに (1.9) が得られる。繰り返しになるが、「交流電圧の実効値」は「その電圧を抵抗（値は何でもよい）にかけたとき、消費電力が同じになる直流電圧の値」である。

　交流電流も実効値で表す。「その交流電流を抵抗（値は何でもよい）に流したとき、消費電力が同じになる直流電流の値」が交流電流の実効値である。

● 力率 (Power Factor)

　図 1.10 で示したように抵抗の場合、電圧と電流の波形のピークが同じ位置に来る。その場合は「電力 = 電圧の実効値×電流の実効値」である。

　交流回路において、抵抗以外の素子を含む場合、力率を考慮する必要がある。例えば「コイルと抵抗を直列に接続したもの」を1つの素子と見なすと、電圧と

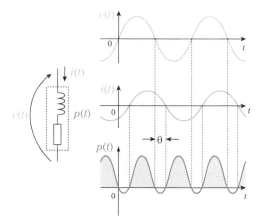

図 1.11　コイルと抵抗が直列の場合の電圧・電流・電力

電流の関係は図 1.11 のようになり、ピークの位置がずれる。そして電力が

負の値をとる時間帯がある[17]。この場合、電力は

電力 ＝ 電圧の実効値 × 電流の実効値 × η　　　　　(1.10)

で得られる。η を力率と呼び $0 \sim 1$ の範囲の値をとる。電圧と電流がともに正弦波（sin, cos で表される形状）の場合、電圧と電流の位相差[18]を θ とすると、力率 η は次式で表される。

$\eta = \cos \theta$

電気ストーブや電球のように、抵抗のみで構成される電気機器の力率は 1 である。掃除機のようにモータが入っている電気機器や、電子レンジ、蛍光灯、LED 照明器具の力率は 1 より小さくなる（掃除機や電子レンジについては力率がほぼ 1 のものもある）。

練習問題

40 W の白熱電球を流れる電流はいくらか。電球は抵抗体なので力率は 1 である。40 W の蛍光灯を流れる電流はいくらか。ただし、力率は 0.6 とする。いずれの場合も電圧は 100 V とする。

答え

電流を I とすると白熱電球の場合、次式が成立する。

100 V × I × 1 = 40 W

$I = 0.4$ A

蛍光灯の場合は以下のようになる。

100 V × I × 0.6 = 40 W

$I = 0.67$ A

電球と蛍光灯は同じ消費電力であるが、電流は異なる。力率が小さな蛍光灯の方が電流が大きい。力率が 1 より小さい電気機器は、「電力＝電圧×電流」の式で求まる電流よりも多くの電流が流れる。

17　抵抗は「エネルギーを消費する」素子であるのに対して、コイルは「エネルギーを蓄える」と「エネルギーを放出する」を繰り返す素子である。コイルはエネルギーを消費しない。この 2 つの素子の働きがミックスされた結果、図 1.11 の $p(t)$ の形状になる。電力が正のときの面積から、電力が負のときの面積を引くと、回路が消費する電力が求まる。電力 $p(t)$ が負の値をとるとき、回路はエネルギーを放出し、電源にエネルギーを戻している。

18　「電圧のピーク位置」と「電流のピーク位置」の差を「1 周期を 2π とするラジアン角」で表した量

=1.12　エネルギーの単位

エネルギーの単位は J である。1 J というエネルギーの量について考える。
力学における 1 J の定義は

　　　1 N の力を加え続けて 1 m 移動させるためのエネルギー

である。

　1 N の力の大きさについて、公式

$$F = ma$$

を用いて考える。F は力（単位は N），m は質量（単位は kg），a は加速度
（単位は m/s^2）である。重力加速度は 9.8 m/s^2 であるから、1 kg の物体に
働く重力は 9.8 N である。10 で割ると、1 N は約 100 g の物体（例：バナナ
1 本、あるいは直径 7.5 cm、高さ 3 cm のシーチキンの缶詰）に生じる重力
である。ゆえに、1 J は約 100 g の物体を 1 m 持ち上げるために必要なエネ
ルギーである。

　エネルギーの単位としては、J 以外に cal と Wh がある。

　cal はかつては広く使われたが、今は食品分野以外では使わない。1 cal は
1 g の水の温度を 1 ℃上げるために必要なエネルギーである。J と cal の換
算式は以下の通りである。

　　　　　1 cal = 4.2 J

　　　　　1 J = 0.24 cal

ゆえに、1 g の水の温度を 1 ℃上げるのに必要なエネルギーは 4.2 J である。

　1 Wh は消費電力 1 W の電気機器を 1 時間使用したときに消費するエネ
ルギーである。1 W の電気機器は 1 秒間に 1 J 消費し、1 時間は $60 \times 60 = $
3600 秒だから、

　　　　　1 Wh = 3600 J

である。以上を表 1.4 にまとめる。

表 1.4　J、cal、Wh の換算

J	cal	Wh
1	0.24	1/3600
4.2	1	7/6000
3600	857	1

練習問題

　単 3 形の充電式電池 1 本が蓄えるエネルギーが石油系燃料何 g に相当する
か求めなさい。ただし、電圧は 1.2 V、電流容量は 2000 mAh（2 Ah）、石

油系燃料のエネルギーを 44 kJ/g と仮定しなさい。

答え

(1.8) より以下のように求まる。電池が蓄えるエネルギーは

$$1.2 \text{ V} \times 2 \text{ Ah} = 2.4 \text{ Wh}$$

である。ジュールに直すと

$$2.4 \text{ Wh} \times 3600 \text{ J/Wh} = 8640 \text{ J}$$

である。石油系燃料何グラムに相当するかを求めると、

$$8640 \text{ J} \div 44 \text{ kJ/g} = 0.196\cdots\cdots\text{g} \fallingdotseq 0.2 \text{ g}$$

である。充電式単 3 電池 1 本が持つエネルギーは、石油系燃料に換算すると約 0.2 g に相当する。読者が想像するよりも小さなエネルギーであると思う。電池のエネルギー密度は低い。カイロはモバイルバッテリーを使う製品より、ベンジンを使うハクキンカイロの方が発熱量は大きい。

練習問題

大容量の 3.7 V, 10000 mAh のモバイルバッテリーがある。このバッテリー 1 個のエネルギーで 1 L の水を沸騰させることはできるか？ ただし、20 ℃の水を 100 ℃に上げることを仮定する。各々のエネルギー量をジュールで表して比較しなさい。

答え

モバイルバッテリーに蓄えられているエネルギーは 10000 mAh = 10 Ah より

$$3.7 \text{ V} \times 10 \text{ Ah} = 37 \text{ Wh}$$

である。ジュールに換算すると、

$$37 \text{ Wh} \times 3600 \text{ J/Wh} = 133.2 \text{ kJ}$$

である。一方、1 L の水の温度を 80 ℃上げるためのエネルギーは、1 L は 1000 g だから、次のように計算できる。

$$1000 \text{ g} \times 4.2 \text{ J/g℃} \times 80 \text{ ℃} = 336 \text{ kJ}$$

10000 mAh のモバイルバッテリーが持つエネルギーはスマホのバッテリー容量を 3000 mAh と仮定すると、3 回満充電にすることができるが、1 L の水を沸騰させるには足りない。

=1.13　エネルギーの計算

これまでに学んだ知識を用いると、電気ケトルでお湯を沸かすのに必要な時間などを見積もることができる。目安となる時間を知っておくと便利である。本節ではエネルギーの計算練習を行う。

湯沸かし問題

1200 W の Tifal で 250 g の水を沸かす。消費電力の全てが水を温めるのに使われ、水温は 20 ℃ → 100 ℃になると仮定すると、お湯が沸くまでに何秒必要か？

答え

お湯を湧かすのに必要なエネルギーは

$$250 \text{ g} \times 4.2 \text{ J/g℃} \times 80 \text{ ℃} = 84 \text{ kJ}$$

である。1200 W の Tifal は 1 秒間に 1200 J = 1.2 kJ の熱を供給するので、

$$84 \text{ kJ} \div 1.2 \text{ kJ/s} = 70 \text{ s}$$

すなわち、70 秒でお湯が沸く。

実際は電気ポットの底の金属部分を温めるのにもエネルギーが必要であり、ポットの外へ逃げるエネルギーもある。水の量をいくつか変えて実験してみたところ、ポットの外へ逃げるエネルギーを 0 と仮定すると、電気ポットの底の金属部分は水 100 g 程度に相当した。水 300 g を温める場合、実際は水 400 g 相当を温めることになるので、水を温めるのに使われるエネルギーは 300/400 = 75 ％となり、1/0.75 = 1.33 倍の時間が必要である。

電子レンジ問題

250 g の水を高周波出力 500 W の電子レンジで温める。1 ℃上げるのに何秒かかるか？

答え

1 ℃上げるのに必要なエネルギーは

$$250 \text{ g} \times 4.2 \text{ J/g℃} \times 1 \text{ ℃} = 1050 \text{ J}$$

である。500 W の電子レンジは 1 秒間に 500 J の熱を供給するので、

$$1050 \text{ J} \div 500 \text{ J/s} = 2.1 \text{ s}$$

すなわち約 2 秒かかる。

ここでは高周波出力は 500 W 一定であることを仮定したが、実際の電子レンジは「最初の 1 分 30 秒は 900 W、その後は 600 W」あるいは「『55 秒間出力 on、5 秒間出力 off』を繰り返す」などのように出力が一定でない場合がある。

電気ではないが、ガスのパワーを実感するため、給湯器の出力について考察する。

給湯器問題

真冬にシャワーを使う。水量は 1 分間に 15 L[19]、水温の変化は 0 ℃→ 40 ℃を仮定する。ガスの燃焼エネルギーの全てが水を暖めるのに使われると仮定すると、給湯器の出力は何 W 必要か？（言い換えると、1 秒間に何 J 必要か）

答え

1 L の水の重さは 1000 g だから、15 L の水の重さは 15000 g である。1 秒間の水量は

$$15000 \text{ g} \div 60 \text{ s} = 250 \text{ g/s}$$

である。250 g の水の温度を 40 ℃上げるのに必要なエネルギーは

$$250 \text{ g} \times 4.2 \text{ J/g℃} \times 40 \text{ ℃} = 42000 \text{ J} = 42 \text{ kJ}$$

である。1 秒間に 42 kJ 消費するので、42 kW となる。ガス給湯器の場合、燃焼エネルギーの約 95% が水を温めるのに使われるので、もう少し大きな出力が必要である。

ガスコンロにアルミ鍋を用いた湯沸かし問題

ガスコンロで 300 g の水を沸かす。コンロの出力は 3 kW で、そのエネルギーの 4 割が水を温めるのに使われると仮定する。鍋は 300 g のアルミ鍋

---

19 1 分間 15 L は勢いよく水が出ている状態である。筆者の自宅ではシャワーの水量を max にすると 1 分間 17 L であった。台所や洗面所の蛇口は毎分 6 L ～ 8 L 程度が標準的な水量である。水量は筆者の自宅での測定結果と以下のサイトを参考にした。https://www.yhservice.net/column/ecocute/size-tank-capacity/ アクセス 2022.8.30

を使う。「水とアルミ」の温度は 20 ℃から 100 ℃に上げることを仮定する。何秒かかるか？　表 1.5 を用いて考えよ。表中で使う数値は灰色の部分のみであり、それ以外の部分は参考のために書いてある。

表 1.5　水、アルミ、鉄の比重と比熱

物質	比熱 J/g℃	比熱 cal/g℃	比重 g/cm³	比熱 cal/cm³℃
水	4.2	1	1	1
アルミ	0.88	0.21	2.7	0.57
鉄	0.435	0.1	7.8	0.78

左の列 ÷ 4.2　　　　　　　3 列目 × 4 列目

答え

必要なエネルギーは

水　　　$4.2 \text{ J/g℃} \times 300 \text{ g} \times 80 ℃ \fallingdotseq 100 \text{ kJ}$

アルミ　$0.88 \text{ J/g℃} \times 300 \text{ g} \times 80℃ \fallingdotseq 21 \text{ kJ}$

で合計 121 kJ 必要である。

コンロの出力のうち、鍋と水を暖めるのに使われるエネルギーは

$3 \text{ kW} \times 0.4 = 1.2 \text{ kW} = 1.2 \text{ kJ/s}$

である。ゆえに、必要な時間は

$121 \text{ kJ} \div 1.2 \text{ kJ/s} = 100.83\cdots\cdots \text{ s} \fallingdotseq 100 \text{ s}$

すなわち約 100 秒である。

コタツ暖房問題

80 cm 四方で高さが 40 cm のコタツがある。出力は 500 W である。コタツの消費電力は全てこたつ内の空気を暖めるのに使われると仮定すると、1分間でコタツ内の空気の温度は何度上昇するか？　ただし空気の比重は 1.2 kg/m³、比熱は 1 J/g℃とする[20]。

答え

まず空気の温度を 1 ℃上昇させるのに必要なエネルギーを求める。空気の

20　空気の重さは想像より重い。「1 m³ の空気の重さは？」と学生に聞くと「10 g」などの答えが返ってくる。実際は約 1200 g である。1000 g と近似すると、1 m³ は 1000 L だから、1 L の空気の重さは 1 g である。小学校の理科の実験で、500 ml のボンベを 2 個用意し、「何もしないボンベ」と「自転車の空気入れで空気をたくさん詰めたボンベ」を天秤で比較する、という授業を見たことがある。500 ml のボンベに普通に入っている空気の重さは 0.5 g である。2 気圧まで詰めたと仮定すると 1 g である。わずか 0.5 g の差だから、0.1 g 単位で測れる料理用秤か天秤が必要である。天秤は 0.2 g 程度の差で傾くので、その精度は高い。

体積は

$$0.8 \text{ m} \times 0.8 \text{ m} \times 0.4 \text{ m} = 0.256 \text{ m}^3 \fallingdotseq 0.25 \text{ m}^3$$

である。重さは

$$0.25 \text{ m}^3 \times 1.2 \text{ kg/m}^3 = 0.3 \text{ kg}$$

である。1 g の空気の温度を 1 ℃上げるのに必要なエネルギーは 1 J だから、0.3 kg の空気の温度を 1 ℃上げるのに必要なエネルギーは 0.3 kJ である。

次に、こたつのヒーターが 1 分間に放出する熱エネルギーを計算する。コタツは 500 W = 0.5 kW = 0.5 kJ/s だから、1 分間に放出する熱エネルギーは

$$0.5 \text{ kJ/s} \times 60 \text{ s} = 30 \text{ kJ}$$

である。ゆえに、温度の上昇は

$$30 \text{ kJ} \div 0.3 \text{ kJ/℃} = 100℃$$

となる。この値は実感とかけ離れている。スイッチ on の直後はこたつが放出するエネルギーのうち、中の空気を暖めるのに使われるのはわずかであり、大部分のエネルギーはこたつ布団、天板、床を暖めるために使われるからである。

余談であるが、筆者の自宅のコタツ（80 cm × 120 cm）の場合、コタツ内の温度は「弱」で約 35 ℃、「強」で約 45 ℃であった。室温が 20 ℃のとき、「弱」で運転すると常時 70 W 程度、「強」で運転すると常時 170 W 程度の電力を消費した。

水力発電問題

1 m^3（1000 L）の水を 1 時間かけて 5 m の高さから落として発電する（参考：家庭用風呂一杯は約 200 L）。水の位置エネルギーの 80 % が電力に変換されると仮定すると、この水力発電装置の出力は何 W か。

答え

この問題を解くには、位置エネルギーの公式と重力加速度の値を知っている必要がある。重さを m [kg]、高さを h [m]、重力加速度を g [m/s^2 = N/kg] とするとき、位置エネルギー U [J] は

$$U = mgh$$

である。重力加速度 g の値は 9.8 m/s^2 である。

　水の重さは 1000 kg であるから、1 秒間に落ちる量は

$$1000 \text{ kg} \div 3600 \text{ s} = 0.28 \text{ kg/s}$$

である[21]。位置エネルギーは mgh であり、その 80 ％ が電力に変換されるので、1 秒間に得られる電気エネルギーは

$$0.28 \text{ kg/s} \times 9.8 \text{ N/kg} \times 5 \text{ m} \times 0.8 = 10.976 \text{ J/s} \fallingdotseq 11 \text{ J/s}$$

（注　$\text{J} = \text{N} \cdot \text{m}$）

すなわち、約 11 W である。電気ストーブの消費電力は 1000 W というオーダーであるから、11 W はスマホを充電するには十分だが、暖房をするには不足している。

=1.14　電力のオーダー [22]

　図 1.12 に示す形状のコンセントの定格電流は 15 A である（2 つの差し込み口から取れる電流の合計が 15 A）。定格電流は「流してもよい電流の最大値」を意味する。

　コンセントに来ている電圧は 100 V である。ゆえに、力率 1 で動作する

図 1.12　コンセント

図 1.13　ワットチェッカー

21　この量は 1 分間に換算すると 16.8 L である。非常に勢いよくシャワーを出しているときの水量である。筆者の自宅の給湯器には 1 分間の水量を表示する機能がある。最も勢いよくシャワーを出すと 1 分間に 17 L 程度になる。

22　「オーダー」については SI 接頭語のところの脚注で説明したが、もう一度説明する。工学では大きさを表すとき、どの程度の量なのかを気にする。「オーダーは？」と聞かれたら、「何桁程度の量なのか」を答えれば良い。

電気製品を使用するとき、最大で

$$100 \text{ V} \times 15 \text{ A} \times 1 = 1500 \text{ W}$$

まで使える。1.11 節で説明した力率が 1 以下の場合、消費可能な電力はこれより少なくなる。ゆえに、日本で販売されている 100 V で使用する電気製品の消費電力は、最大 1500 W である[23]。

電気製品の消費電力は製品のラベルに書いてあるが、図 1.13 に示すワットチェッカーを使うと、実際の消費電力を測定することができる。ワットチェッカーは消費電力以外に力率、消費電流などの測定もできる。

電気製品を消費電力のオーダーで分類すると表 1.6 のようになる。

表 1.6 電気製品と消費電力

消費電力	製品の例
800 W 〜 1500W	電気ストーブ　電気ケトル　電気ポット　ドライヤー　電子レンジ　炊飯器　掃除機　エアコン
500 W 程度	コタツ　洗濯機
100 W 程度	冷蔵庫　液晶テレビ（30 型〜40 型）
100 W 未満	電球 1 個（60 W）　蛍光灯 1 本（20 W 〜 40 W）　LED シーリングライト（20 W 〜 50 W）　LED デスクライト（10 W 以下）　扇風機（50 W）　デスクトップパソコン（50 W）　ケータイ充電器・ラジカセ・電話機（20 W 以下）

電気をエネルギー源として利用する製品の消費電力は大きい。電気ストーブ、電気ケトル、ドライヤーなど熱エネルギーとして使うものは 1000 W 程度である。動力として使う（モータ）製品は、掃除機やエアコンは 1000 W 程度、冷蔵庫は 100 W 程度、扇風機は 50 W 程度である。同じモータであるが、掃除機と扇風機は約 20 倍の差がある。

この表の値はフルパワーで運転しているときの値である。エアコンやコタツは部屋やコタツ内が暖まった後は出力を落とす。筆者の自宅のコタツの場合、コタツ内が暖まった後の消費電力は「弱」で運転するとき 70 W 程度で一定であった。

液晶テレビは、画面は真っ暗でも、液晶のシャッターが閉じているだけで、LED のバックライトは常時点灯している。照明器具のようなものと思えば

23　ほとんどの電気製品の消費電力は 1400 W 以下であるが、1500 W の電気製品も存在する。オイルヒーターやセラミックファンヒーターに 1500 W の製品がある。Amazon で「ヒーター 1500W」で検索すると見つかる。

よい。画面が人きくなると、消費電力も大きくなる。

　電気をエネルギー源として使う電気機器の中で、照明器具の消費電力は小さい。14 畳用のシーリングライトでも 50 W 程度である。

　AC アダプタは 5 V, 1 A なら 5 W、5 V, 2 A なら 10 W なので、消費電力は小さい。

　電気製品による消費電力の差は大きい。スマホの AC アダプタ（ex. 5 V × 2 A = 10 W）100 個分の消費電力と 1000 W の電気ストーブ 1 個の消費電力は等しい。

1.15　ショート[24]

　電気でやってはいけないことは「感電」と「ショート」である。感電は第 2 章で説明するので、ここではショートについて説明する。回路の 2 カ所を導線で接続する、あるいはこれと等価なことを行う[25]のがショートである。回路がショートすると、壊れる、あるいは発熱・発火して大変危険である。

　電源をショートさせるのが一番危険である。導線の抵抗はほぼゼロだから、図 1.14 (a) の状態となる。電流 I はオームの法則より、$I = E/0 = \infty$ となり、電力は、$P = EI = \infty$ となる。理論上は無限大の電力が消費されることになる。そのエネルギーは熱エネルギーになり、発熱・発火の危険がある。

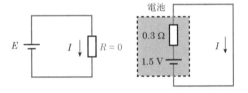

(a) ショートの概念　　(b) 電池のショート

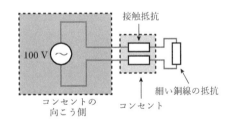

(c) コンセントのショート

図 1.14　ショート

　電池は小さな内部抵抗を持つので、電池をショートさせると図 1.14 (b)

24　Short circuit の略。日本語では「短絡」という。

25　例えば、金属でできたクリップを回路の上に落として、回路の 2 箇所が導通状態になる。

の状態となる[26]。電流と電力は

$$I = 1.5 \text{ V} / 0.3 \text{ Ω} = 5 \text{ A}$$

$$P = 1.5 \text{ V} \times 5 \text{ A} = 7.5 \text{ W}$$

となり、このエネルギーが電池内部で消費され、電池は激しく発熱する。乾電池のショートは破裂や発火につながることがあり、危険である。

コンセントを細い銅線でショートさせた場合、同図 (c) のような状況になる。電線はわずかであるが抵抗を持つ。また金属と金属の接触部分は接触抵抗という小さな抵抗値を持つ。オームの法則により、$I = V/R$ であり、抵抗 R は非常に小さいので、電流 I は非常に大きな値になる。

コンセントの向こう側の電線は太く、ショートさせるために用いた電線は細い。抵抗値は導線の断面積に反比例するので、細い電線ほど抵抗値は大きい。電力は $P = I^2R$ であり、そのエネルギーは熱になる。回路中の全ての場所で電流 I は一定だから、抵抗の大きさに応じて発熱する。発熱の大部分は「ショートさせるために用いた細い電線」で発生する。大きな発熱が瞬時に起こり、温度が上昇し、金属が溶解して飛散し、火花（赤熱した銅粒）が飛ぶ。大変危険である。

=1.16　電気と磁気

電気と磁気は密接な関係がある。電流が流れると磁界が生じ、磁界が変化すると電圧が生じる。電磁波は電界と磁界が共に伝搬してゆく現象である。本節では電気と磁気の関係について復習する。

● 右ねじの法則

電流が流れると、磁界が発生する。この様子を図 1.15 に示す。

磁力線は電流を囲む円形になる。右ねじをまわすとき、ねじが進む方向を電流の方向とするとき、ねじを回す方向が磁界の方向となる。これを右ねじ

26　この例では計算しやすくするため 0.3 Ω としたが、実際の電池の内部抵抗は電池のサイズ（単 1 か単 3 か）や消耗の度合い（電池は消耗すると内部抵抗が大きくなる）によって異なる。内部抵抗の値は「https://www.iee.jp/assets/pes/pdf/award/student/H28_1.pdf　アルカリ乾電池のエネルギー密度に関する実験と考察　窪田美羽」によると、0.34 Ω（単 1）～ 0.58 Ω（単 4）である。アクセス 2022.10.5

の法則と呼ぶ。

　導線を何回も円形に巻いた素子をコイルという。コイルに流れる電流と磁力線の方向を図 1.16 (a) に示す。同図 (b) のように、右手を握り、親指を立てたとき、親指の方向が磁力線の方向、それ以外の指の向きが電流の方向である。この法則は右ねじの法則から導出できる。

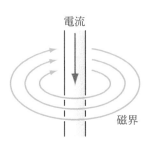

図 1.15　右ねじの法則

　物質の磁力線の通りやすさは、比透磁率という量で表される。比透磁率が 100 の物質は磁力線が 100 倍通りやすい。比透磁率が高い物質として鉄・ニッケル・コバルトがある。各々の比透磁率は、コバルトは 270、ニッケルは 600、鉄は 2000 ～ 3000 程度である [27]。そして磁力線は通りやすい経路を通ろうとする性質がある。図 1.17 のように、電線を環状の鉄に巻き付けてコイルを作ると、鉄の比透磁率は非常に大きいの

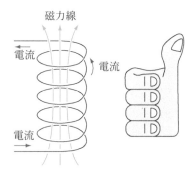

(a) 電流と磁力線の向き　(b) 右手を握ったとき

図 1.16　コイルと磁力線

で、磁力線はほとんど鉄の中を通る。鉄の比透磁率を 2000 と仮定すると、図 1.17 (b) の磁力線の数は同図 (a) のコイル内の磁力線の数の 2000 倍程度になる [28]。

27　強磁性体（比透磁率が高い物質）の比透磁率は一意に定めることができない。外部から加えられる磁界の強さや温度などにより大きく変化する。また、材料組成や微細組織などによっても異なる。本書で示す値は目安である。ニッケルの比透磁率は以下の TDK のサイトから引用した。
　　https://www.tdk.com/ja/tech-mag/electronics_primer/1　アクセス 2022.4.27　2022.11.3
　　コバルトは「新制電気一般」竹内寿太郎ら（1955）p.32 から引用した。
　　鉄の比透磁率は「よくわかる電磁気学」前野昌弘　東京図書　p.252 に「軟鉄の場合、外部磁場が小さい場合は 300、外部磁場が大きくなると 2000 ～ 3000 くらいまで大きくなる」と書いてあるので、2000 ～ 3000 程度と記述した。TDK のサイトや Wikipedia の透磁率の項には鉄の比透磁率は約 5000 と書いてある。TDK の Tech Mag 編集部からは比透磁率に関して色々と有益な情報を教えてもらった。

28　この表現は不正確である。正確には磁束線である。磁界を表すのに、磁力線と磁束線がある。真空中では磁力線と磁束線は相似であるが、鉄のような磁性体の中では異なる形状になる。本書ではここには深く立ち入らない。

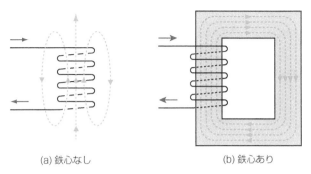

(a) 鉄心なし　　　　　　　　(b) 鉄心あり

図 1.17　コイルと磁力線

● ファラデーの電磁誘導の法則

　電気の歴史において、電気から磁気が発生することは容易に発見された。
導線に電流を流せば、磁界が発生する。電線を何回も巻いてコイルにすると、
磁界は強くなる。

　しかし、その逆を発見するのは容易ではなかった。強い磁石をコイルの近
くに持っていっても、磁石とコイルがともに静止していると、電気は起こら
ない。ところが、磁石を動かす（コイルに出し入れする）と電気が発生する。
ここでのポイントは「磁石を動かす（磁界を変化させる）」である。この偉
大な発見をしたのはイギリスのマイケル・ファラデーである。「電気の歴史
において最も重要な発見は？」と問われたなら、「ファラデーによる電磁誘
導の法則の発見」と「マクスウェルによる波動方程式の導出（電磁波の存
在を予言した）」が双璧をなすと言われて
いる。発電機の原理はファラデーの電磁
誘導の法則に基づいている。この法則が
発見されるまでは電気を起こすにはボル
タが発明した電池を使うしかなかったが、
電池では長時間持続する電流を作るのは
難しかった。発電機の発明により、電気
工学は急速に発展した。

　図 1.18 において、磁石を上下運動させ

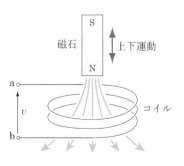

図 1.18　ファラデーの電磁誘導の法則

ると、コイルと鎖交する（コイルの面を貫く）磁力線の数が変化する（磁石を下方へ移動すると、鎖交する磁力線の数は増える）。「コイルと鎖交する磁力線の数」が変化すると a-b 間に電圧が発生する。これをファラデーの電磁誘導の法則という。

　a-b 間に抵抗を接続すると、電流が流れる。このときに流れる電流の向きは、その電流によって生じる磁界が、磁石の移動によって生じる磁界の変化を打ち消す方向（コイルと鎖交する磁力線の数を変化させないようにする方向）である。電流の方向を与える法則をレンツの法則という。

● 変圧器

　「電気→磁気」「磁気→電気」という変換をする電気機器が図 1.19 に示す変圧器である。変圧器は**交流電圧**を変換する。1 次側に交流電圧 V_1 を入力すると、2 次側から同じ周波数の交流電圧 V_2 が得られる。

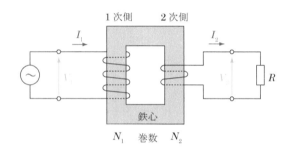

図 1.19　変圧器

巻数を N_1, N_2 とすると、電圧 V_1 と V_2 は以下のように巻数に比例する。

$$V_1 : V_2 = N_1 : N_2 \tag{1.11}$$

電流 I_1 と I_2 の比は以下のように「1/ 巻数」に比例する。

$$I_1 : I_2 = 1/N_1 : 1/N_2 = N_2 : N_1 \tag{1.12}$$

(1.11)(1.12) より次式が導出される。

$$V_1\,I_1 = V_2\,I_2$$

「電圧×電流 ＝ 電力」だから、エネルギー保存の法則が成立している。変圧器を使うと、数 % の損失で交流の電圧を変換することができる。それに対して、直流の電圧を変換するには、コイル、コンデンサ、スイッチング素子などから構成される回路（DC-DC コンバータ）が必要であり、損失が大きい（数 % ～ 20 % 程度）。

第2章 送配電

電気を使うときに最も大切なことは安全に使うことである。感電や火災が起こらないように扱わねばならない。本章では電気の安全について学習する。

=2.1 送電

● 三相交流

町中に立っている電柱の写真を図2.1に示す。3本の電線が電柱間に張られている。電気を送るには行きと帰りで2本の線が必要であることを小学校で学ぶように、電気は2本の線で送るのが原則だが、大きな電力を送るときは3本の線を使う。三相交流という方法を使うと、本来6本の線が必要なところ、3本の線で済み、経済的になる。

そのしくみを図2.2で説明する。交流電源1（発電機を表す）は線AとBを使って抵抗1（エネルギーを消費する家庭を表している：実態は図2.4で説明する）にエネルギーを送っている。電源2は

図2.1 電柱と送電線

線BとCを使って抵抗2にエネルギーを送っている。電源3も同様である。線Bを電源1と2で共有している。線AとCも同様に二つの電源が共有している。このように3個の回路があり、本来なら各回路ごとに2本の線が必要なので、計6本の線が必要であるが、1本の線を2個の回路が共有しているので3本の線で済む。

その秘密は、図2.2に示すように交流電源1, 2, 3の電圧波形 e_1, e_2, e_3 のピークの位置が $120°$ ずつずれていることにある。3個の電源がループを作っているので、1.15節で学習した「電源をショートさせた」状態に見える。しかし、120度ずつずらせた交流電源の場合、常に $e_1 + e_2 + e_3 = 0$ となる。ゆえに、

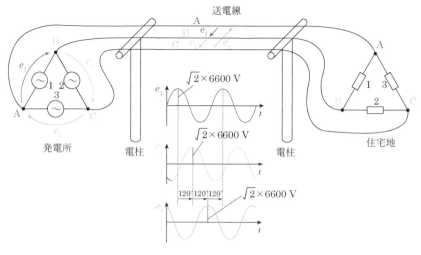

図 2.2　三相交流のしくみ

3 個の電源がショートして三角形の部分に大電流が流れることはなく、この接続で問題なく電気を送ることができる。これを三相交流と呼ぶ。電柱間に張られている 3 本の線は、どの 2 つの線の間もその電圧は 6600 V である。

● 送電電圧

　家庭のコンセントに来ている電圧は**交流**である。発電所からコンセントまでの送電に交流を用いる理由は、三相交流という経済的な方式を使えることと、電圧を高くすることが容易にできるからである。交流は 1.16 節で学習したように、変圧器という単純な構造の機器で、少ない損失で電圧を変換することができる。

　電力の公式は $P = V \times I$ だから、同じ電力を送るのに、電圧を高くすると電流は少なくて済む。電線の抵抗は 0 ではないから、送電時に電線の抵抗により電線が発熱し、熱エネルギーとなって損失となる。送電線で消費されるエネルギー P は、$P = I^2 R$ だから、送電損失は電流の 2 乗に比例する。電圧を n 倍すると、電流は $1/n$ で済むので、送電損失は $1/n^2$ になる。送電時はできるだけ電圧が高い方がよい。大きな鉄塔間の送電線の線間電圧は 27 万 5000 V や 50 万 V などの超高電圧であり、住宅地に立っている電柱間の送電線の線間電圧は 6600 V である。

● アース

　地球は巨大な導体である。送電においては、地球の電位を電圧の基準にとり、0 V の点とする。0 V を表す地球のことを「アース」、「グランド」などと呼ぶ。そして、大地に埋めた金属棒（金属板）に接続し、地球と同じ電位にすることを「アースする」「アースを取り付ける[1]」「接地する」などという。

● 電柱から住宅内への配線

　電柱をよく見ると、図 2.3 に示す柱上変圧器が載っている。柱上変圧器は「6600 V という高い電圧」を「家庭で使う 100 V あるいは 200 V という低い電圧」に変換する。柱上変圧器の高圧側は 2 個の端子を持ち、三相交流の 3 本の線のうちの 2 本と接続されている。低圧側は 3 個の端子を持ち、3 本の線が宅内に引き込まれる。その様子を図 2.4 に示す。

図 2.3　柱上変圧器

　宅内の配線とその電圧波形を図 2.4 に示す。送電線の電圧は**三相 3 線式**と呼ばれ、どの 2 線間も 6600 V である。一方、宅内に引き込まれる 3 線は、**単相 3 線式**と呼ばれる。中央の線を中性線と呼ぶ。中性線は電柱において大地に接続される。

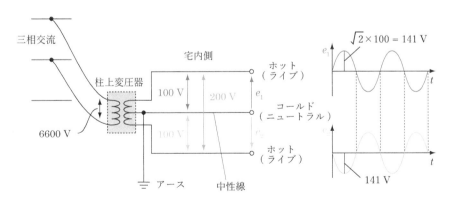

図 2.4　三相 3 線式と単相 3 線式

1　「アースをとる」という表現も使われるが、「取り付ける」「取り外す」のどちらの意味にも取れ、誤解の結果、大事故を招く可能性がある。「アースを取り付ける」が正しい言い方である。

電柱をよく見ると、電柱に沿ってアース線があり、地中に入っている。回路記号 ⏚ は地中に埋めた導体棒（あるいは導体板）を表す。大地の電圧は常に 0 V であるから、中性線の電圧は 0 V であり、コールド（あるいはニュートラル）と呼ぶ。残りの 2 線はホット（あるいはライブ）と呼ぶ。e_1, e_2 の実効値は 100 V であり、波形は図に示すように、互いに反転した形状である。2 つのホット端子間の電圧は 200 V であり、200 V で駆動するエアコンなどの電気機器を接続する。

単相 3 線式において、中性線を大地に接続している理由を説明する。何らかの要因（例：落雷による異常電圧）により、高圧線（三相交流側 6600 V）と低圧線（宅内配線側 100 V/200 V）の絶縁が破壊され、接触したと仮定すると、低圧線の大地からの電位は約 3800 V になり[2]、宅内配線やコンセントに接続されている電気機器が絶縁破壊を起こし、感電や火災の危険がある。一つの線を大地に接続しておけば、大地（アース）に向かって大きな電流が流れ、そのことを送電側で検知し、送電を止めることができる[3]。その結果、宅内配線側の電圧の上昇を抑えることができる。

⟍ =2.2　**宅内配線**

● 分電盤

宅内に引き込まれた線は分電盤に接続される。分電盤の例を図 2.5 に示す[4]。図 2.5 (b) を見ると、漏電遮断器（漏電ブレーカー）が左に一個あり、配線用遮断器（ブレーカーあるいは安全ブレーカーとも呼ばれる）が多数並んでいる。分電盤は次の 2 つの働きがある。

- 漏電遮断器、配線用遮断器の働きにより、異常な電流が流れた場合に回路を遮断する。
- 回路を分岐させる。

2　導出は省略するが、三相交流の 3 本の線の大地からの電圧は 3 本とも約 3800 V である。
3　参考　「アースのはなし」伊藤健一　日刊工業新聞社（1992）p.62
　https：//www.wdic.org/w/SCI/ 中性線　通信用語の基礎知識　中性線　アクセス 2019.9.20、2021.10.11「科学用語の基礎知識　電気工事編（NPOWC）」で検索し「中性線」をクリック。
4　この分電盤は関西の住宅のものである。電力会社によってはこれに加えて電流制限器（アンペアブレーカーあるいはリミッターと呼ぶこともある）が付いている。電流制限器は契約電力以上の電流が流れると、回路を遮断する。

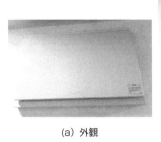

(a) 外観

漏電遮断器　　　　配線用遮断器

(b) ふたを開けたところ

図2.5　分電盤

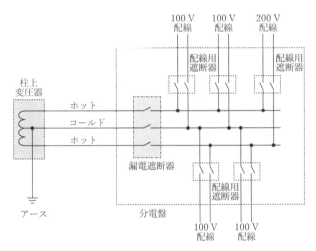

図2.6　分電盤の回路図

　分電盤の回路図を書くと図2.6のようになっている。単相三線式の3本の線が宅内に引き込まれ、最初に漏電遮断器が入り、その後で回路が分岐している。ホットとコールドの間は100 Vであり、ホットとホットの間は200 Vである。200 Vはエアコンなどに用いられる。

● 配線用遮断器

　配線用遮断器はブレーカーあるいは安全ブレーカーとも呼ばれる。図2.7の部品が分電盤の中に組み込まれている。ブレーカーの定格電流（流してよ

い電流の最大値) は通常は 20 A である。ブレーカー
は以下の働きをする。

- ショートしたときなど大電流が流れたとき、瞬時に回路を遮断する。
- 定格電流を超える電流が流れたとき回路を遮断する。定格の125 %の電流が流れたとき60分以内、200 %のとき2分以内に回路を遮断する[5]。

図2.7　配線用遮断器

ブレーカーの先はたとえば図2.8のようになっている。この図では2本の電線を、まとめて1本の線で表している。ブレーカーが回路を遮断した場合（ブレーカーが落ちると言う）、そのブレーカーに接続されている全ての電気機器が動作を停止する。ブレーカーが落ちた場合、以下の手順で復旧させる。

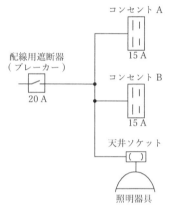

コンセント A
15 A

配線用遮断器
（ブレーカー）
20 A

コンセント B
15 A

天井ソケット
( )

照明器具

1 動作を停止した全ての電気機器のスイッチを off にする。

2 off にした各電気機器が使用する電流

図2.8　ブレーカーとコンセント

を算出し（力率は1と仮定する）合計する。その値はブレーカーの定格電流を超えているはずである。ただし力率が1より小さい電気機器については電流を過小に算出しているので、定格電流以下になるかもしれない。電流の算出法については2.6節の終わりで詳しく説明する。on にする電気機器の消費電流の合計が定格電流以下になるように、on にする機器と off にする機器を決める。

3 ブレーカーを on にする。

4 on にすると決めた電気機器を1つずつ順番に on にしてゆく。

家庭で使う電気機器には、止まると困るものがある[6]。そのような電気機器

5　JIS C 8201-2-1附属書2表6の規定による。配線用遮断器については、たとえば以下のpdfでわかりやすく説明されている。https://www.toshiba-tips.co.jp/tsellib/data/compactespar7.pdf　アクセス 2019.9.20、2022.8.31 「東芝産業機器株式会社　配線用遮断器　漏電遮断器　コンパクト ESPAR シリーズの電子カタログ」で検索

6　たとえばデスクトップパソコンの場合、電気が切れると、その時点で編集していたデータは消

が図 2.8 のコンセント A に接続されている場合、コンセント A とコンセント B には大電流を流す電気機器を接続しないようにする。

漏電遮断器については、漏電の節で説明する。

=2.3 感電

電気を使う上で最も気をつけるべきことは、感電しないことである。感電とは人体を電流が流れる現象である。感電すると、以下の危険がある。

- 体内を電流が流れると、ジュール熱が発生する。人間の体は温度が高くなるとタンパク質が凝固し、内部組織が壊死する。体の深部に火傷を負った状態になる。電流は抵抗が小さい場所を流れる。上肢であれば、筋肉、血管、神経などの抵抗が低い[7]。
- 筋肉は神経を伝わる電気信号で動くので、一定以上の電流が流れると、神経が伝達障害を起こし、筋肉が収縮して動けなくなる。
- 心臓に電流が流れると、心室細動（心筋が無秩序に収縮している状態）を起こし、死に至る。
- 呼吸筋の麻痺、呼吸筋につながる神経の損傷、視床下部の呼吸機構へのダメージなどにより死に至る。

人体は良導体（皮膚下の組織）を比較的高い抵抗を持った皮膚で包んだものである。ゆえに人体抵抗の大部分は皮膚の抵抗である。皮膚の抵抗は乾燥時は数 kΩ 以上あるが、水や汗で濡れると限りなく 0 Ω に近づく[8]。したがって、電気を扱うときは絶対に濡れた状態で扱ってはならない。

皮膚の抵抗は、電極との接触面積が大きくなるほど、小さくなる。また、印加電圧が高くなるほど、皮膚の抵抗は小さくなる[9]。

える。最悪の場合（ストレージにデータを書き込み中）ストレージが破壊される。

7 抵抗が低い部位は MSD マニュアルの電撃傷の項目を参考にした。https：//www.msdmanuals. com/ja-jp/ プロフェッショナル　アクセス 2022.9.15

8 https：//www.jniosh.johas.go.jp/publication/doc/td/SD-No25.pdf　労働安全衛生総合研究所安全資料　感電の基礎と過去 30 年間の死亡災害の統計　独立行政法人　労働安全衛視総合研究所　p.14　アクセス 2022.4.4　9.12

9 印加電圧による人体抵抗の変化は「体と電極の接触面積」「乾いているか濡れているか」などによって変わる。IEC 60479:2018　Fig.5 によると、乾いた状態のときの人体抵抗は、25 V のときに比べると、100 V のとき 1/2（接触面積 8.2 cm^2）〜 1/7（接触面積 10 mm^2）程度になる。

人体内部の抵抗は図2.9のようになっている[10]。「右手から左手」あるいは「片手から片足」は約500 Ωである。

感電のダメージは「人体を流れる電流の大きさ」と「通電時間」で決まる。図2.10は左手から両足を通って電流が流れたとき、電流を横軸、感電時間を縦軸にとり、危険性を表した図である[11]。

国際電気標準会議（IEC）の国際規格では、筋肉が収縮するなど、人体が反応するための閾値として0.5 mAを想定している[12]。

筆者は感電に関する実験をした際に、左手中指

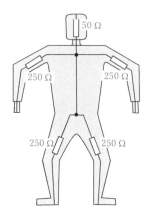

図2.9　人体内部の抵抗

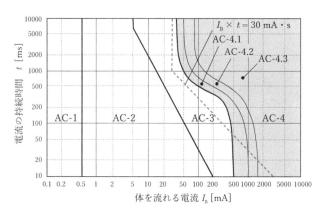

AC-1：知覚可能だがびっくりするほどではない。

AC-2：知覚可能で不随意の筋肉の収縮の可能性がある。しかし有害な生理学的影響はない

AC-3：強い不随意の筋肉の収縮。呼吸困難。回復可能な心機能の障害。移動不能（自分の意志で動かせない）が起こりうる。電流が大きくなると影響はより大きくなる。通常は器官組織のダメージはないと思われる。

AC-4：心停止、呼吸停止、火傷、それ以外の細胞のダメージなど病態生理学上の影響が生じる。電流が大きいほど、持続時間が長いほど、心室細動の可能性が高くなる。

AC-4.1：心室細動の確率が最大で約5 %

AC-4.2：心室細動の確率が最大で約50 %

AC-4.3：心室細動の確率が50 %以上

図2.10　感電電流と人体への影響

10　IEC 60479-1　Edition 1.0　2018-12　p.30　Figure 3をトレースして抵抗値を記入

11　IEC 60479-1　Edition 1.0　2018-12　p.44　Figure 20をトレースして作成。着色、赤い点線、日本語訳は筆者による。日本語訳作成時に「人体通電の影響と安全基準」吉元俊輔ら　生体医工学58巻（4-5号）（2020.9）pp.147-159を参考にした。

12　IEC 60479-1　Edition 1.0　2018-12　p.22　5.3節

に0.5 mA以下の電流を断続的に流したことがある（合計時間は数分間であったと思われる）。全く知覚できない電流であったが、実験後、指を曲げて関節を押さえると痛みを感じた。この図では10秒以上の時間については書いていない。小さな電流であっても長時間流し続けると、組織にダメージを与える可能性があるように思われる。

感電の実験は体に深刻なダメージを負ったり死亡するリスクがある。読者は絶対に真似をしてはいけない。

ドイツのケッペンは、

（人体を通過する電流 mA）×（通電時間 s）

が50 mA・s以下であれば安全であると提唱した（ただし1秒以上の領域では50 mA一定）。ヨーロッパではさらに厳しくして30 mA・sを安全限界とした。日本でも30 mA・sを安全限界としている[13]。30 mA・sのラインを図2.10に赤点線で書き込んでいる。感電電流が500 mA以上の場合、この基準以下であっても、AC-4（深刻なダメージが起こる領域）に該当している。

表2.1　人体を流れる電流値と症状（成人男性）

電流値	症状
1 mA	ピリピリ感じ始める（最小感知電流）
3 mA ～ 5 mA	手足に強く感じる（我慢できる限界）
10 mA ～ 20 mA	自力で離脱できる限界（離脱電流）
100 mA 以上	心室細動が発生する（心停止）

成人男性に商用交流を1秒間流した場合の人体の反応を表2.1に示す[14]。この表は成人男性の場合であり、女性はこの2/3、小児は1/2とされる。**最小感知電流の1 mA、離脱電流の10 mA、心停止の100 mA**と覚える。

表2.1では最小感知電流を1 mAとしているのに対して、国際電気標準会議（IEC）では0.5 mAとしている。ここでは覚えやすい数値である表2.1を採用した。

13　出典　http：//anzeninfo.mhlw.go.jp/yougo/yougo74_1.html　厚生労働省　職場の安全サイト　アクセス 2019.9.20、2022.8.31
14　「生体物性/医用機械工学」池田研二・嶋津秀昭　秀潤社（2000）p.36　表2より一部抜粋

　感電して 10 mA 以上の電流が流れると、筋肉が収縮し、離脱不能になる。人間の筋肉は神経繊維を電気信号が伝わることで収縮動作を行うので、感電電流が流れると自分の意志で動かせなくなる。

　10 mA という電流の値は小さな値である。乾電池1個で点灯させる 1.5 V，0.3 A の豆電球が点灯しているとき、豆電球には 300 mA の電流が流れている。感電は微小な電流で起こる。

=2.4　コンセントの極性

　コンセントの差し込み口は図 2.11 のようになっており、長さが異なる。図 2.3 の柱上変圧器から家庭内に引き込まれている3本の線のうち1本はコールドで2本はホットであると述べた。図 2.11 の差し込み口のうち、長い方 (9 mm) はコールドに接続されている。コールドはアースに接続されているので、触れても安全である。短い方 (7 mm) はホットに接続されている。100 V が来ているので、触れると大変危険である。工事のミスにより、長い方に 100 V が来ていることもあるので、図 2.12 のような検電器を使って確認するのが望ましい[15]。検電器の先端をコンセントの穴に差し込むと、その端子がホットかコールドかを判別できる。

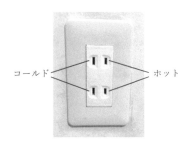

図2.11　コンセント

　検電器は電池を内蔵するものとそうでないものがある。図 2.12 (a) は電池を持たないタイプのもので、ホット－検電器－人体－大地という経路を流れる微弱な電流（数 μA）でネオン管を点灯させる（電流が流れるしくみについては、あとで説明する）。人体と大地の間の抵抗が高いときは、非常に暗くしか

(a) 電池なしで動作する製品

(b) 電池を内蔵する製品

図2.12　検電器

15　筆者の実家の台所のコンセントはホットとコールドが逆になっている。

点灯しないので、判別しづらい。同図 (b) は電池を内蔵しており、感度が高いので確実に判別できる。

● 感電のパターン

感電には 2 つのパターンがある。図 2.13 に 2 つのパターンを示す。この図は接続している箇所をイラスト的に表したものである。図 2.13 (a) は人体の片方がホット、もう片方がコールドに接続された状態である。自作の電子工作品を通電しながらチェックするときなどで生じる。5 mA で離脱不能になる[16]と仮定すると、人体の抵抗値が、100 V ÷ 5 mA = 20 kΩ（20000 Ω）以下

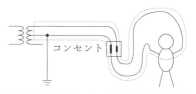

(a) 体の片方がホット、もう片方がコールド

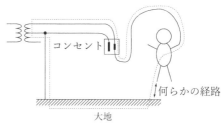

(b) 体の片方がホット、もう片方が大地

図 2.13 感電のパターン

であれば、極めて危険であることを意味する。人体内部の抵抗は約 500 Ω だから、濡れているときは簡単にこの抵抗値以下になる。

「0.5 mA 以下であれば感じない」と仮定するなら、100 V ÷ 0.5 mA = 200 kΩ、つまり人体の抵抗値が 200 kΩ 以上であれば感知できない。

もう一つは図 2.13 (b) のパターンである。人体の片方がホット、もう片方が何らかの経路で大地に接続された状態である。漏電している電気機器に体が接触した場合などで起こる。電気が流れるにはループを作らないといけない。図 2.13 (b) では点線の経路に沿ってループができており、大地が回路の一部を担っている。人体と大地の間に何らかの導電経路が必要である。

自宅（木造一戸建て）で測定したところ、以下の箇所は大地との間の抵抗

---

16 「低圧電路地絡保護指針 JEAG8101-1971」日本電気協会（1971）の p.26 では「不随意電流の最低値を 5 mA」としている。表 2.1 を小児にあてはめると離脱電流は 5 mA となる。IEC 60479-1 Edition 1.0 2018-12 p.23 5.5 節では成人男性の離脱電流を約 10 mA、全人口をカバーする離脱電流を約 5 mA としている。ここでは 5 mA とした。

が 2 kΩ 以下であった。触れると非常に危険である。

- 台所の流し台のステンレス部分
- 水道栓
- ガス栓
- 1 階玄関の床（水で濡れた状態）
- 風呂場入り口のドアの金属部分

以下の場所は、大地との間の抵抗が 50 kΩ 程度であった（水質が変わるとこの値は変わると思われる）。危険である。

- 水を張っている浴槽（浴槽の水～配管～給湯器～水道管とガス管～大地という導電経路がある）

自宅で測定した範囲では危険な箇所として上記の箇所を見つけたが、それ以外にも大地との間の抵抗が低い危険な箇所があるかもしれない。また危険な箇所は住宅ごとに異なると思われる。

直接触れるだけでなく、水を介して触れる場合もある。たとえば、流し台の水道の蛇口から流れ出ている流水に触れることは、水を介して蛇口や流し台と接続されることを意味する。

図 2.14 は「コンセントのコールドに体の一部が接触し、体と大地の間に何らかの経路がある」というケースである。この場合、点線で示したループの経路上に電圧を発生させるものがないので、感電はしない。繰り返しになるが、コンセントの 2 つの端子は区別があり、ホットは危険でコールドは安全である。

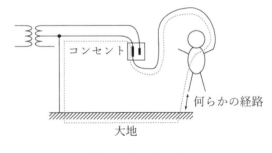

図 2.14　大丈夫なパターン

● 電圧の大きさと危険性

ここまでで述べたように、感電した場合の危険性は人体を流れる電流値によって決まる。一方で我々が容易に測定可能なのは電圧である。「何ボルト以上なら危険なのか？」は、人体が濡れているか否かによって、大きく異な

る。日本電気協会の「低圧電路地保護指針」は人体にかかる電圧の許容値を表2.2のように定義している[17]。

表2.2　人体の状態と許容接触電圧

接触状態		許容接触電圧
第1種	・人体の大部分が水中にある状態	2.5 V 以下
第2種	・人体が著しく濡れている状態 ・金属製の電気機械装置や構造物に人体の一部が常時触れている状態	25 V 以下
第3種	・第1種、第2種以外の場合で、通常の人体状態において、接触電圧が加わると危険性が高い状態	50 V 以下

人体の大部分が水中にある状態の許容電圧を 2.5 V としているのは、人体の抵抗を約 500 Ω、皮膚の抵抗をゼロと仮定して、2.5 V ÷ 500 Ω = 5 mA という計算より、5 mA までなら許容範囲内であることを意味する。

電気事業法では「電圧 30 V 未満の電気的設備」は電気工作物の定義から除かれており、法律の規制はかからない。乾いている状態で 30 V 未満であれば、危険は少ないと考えられる。

語呂合わせで、42 V を「死にボルト」と呼び、42 V 以上は危ないという覚え方がある。

● 感電者の救助

2.3 節で 10 mA 以上の電流が人体に流れると、離脱不能となることを学んだ。離脱不能となった状態の感電者を助けるときは、救助者が連鎖感電しないように注意せねばならない。図 2.15 は大地が電流の経路の一部となって感電している場

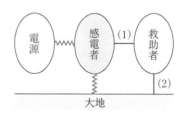

図2.15　感電者の救助

合の「電源、感電者、救助者」の関係を示す。ギザギザの線は感電電流が流れている経路である。救助時に (1) か (2) のどちらかが絶縁されていなくてはならない。すなわち、離脱不能の感電者を引き離す場合、救助者は以下の条件のどちらかが満たされるようにする。

---

17 「低圧電路地絡保護指針　JEAG8101-1971」日本電気協会（1971）p.3 の第 104-1 表の一部を引用

1　感電者と絶縁された状態にする……ゴム手袋を着用する、絶縁体（木の棒など）で感電者を押して離脱させる、乾いた布を感電者に巻き付けて引っ張るなど

2　大地と絶縁された状態にする……ゴム靴を履くなど

電源を切断するという方法もある。とっさの判断が必要とされる。筆者は感電者を助けるとき、「手で感電者を引っ張ると連鎖感電するので、つきとばせ」という話を聞いたことがある。

=2.5　漏電（ろうでん）

漏電は本来の回路とは異なる経路を電流が流れることをいう[18]。電気はルー

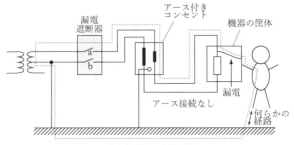

(a) 漏電による感電

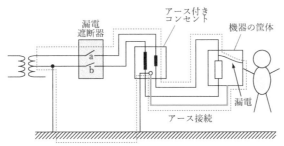

(b) 機器をアースに接続した場合

図 2.16　漏電とアース

18　電気機器の筐体の表面に電源電圧 (通常は 100 V) が現れている電気機器を「この機器は漏電している」と表現するので、「本来電圧が生じてはいけない場所に電圧が生じており、本来の回路とは異なる経路を電流が流れる危険がある状態」も漏電に含めて良いと思う。ところが「漏電とは」でネット検索すると「本来の回路以外を電流が流れる状態」を漏電と呼ぶと書いてある。定義に少し曖昧な点があるように思われる。

プを作らないと流れないので、予期せぬ回路（ループ）が形成されている。その回路に人体が含まれている場合は感電がおこる。漏電電流による発熱は火災につながることもある。

漏電している電気機器は、その筐体に 100 V が現れている。そのような電気機器に体の一部が触れ、体と大地との間に何らかの導電経路があると、感電する。表 2.1 に従って 1 mA 以上の電流が流れたとき感電すると定義するなら、100 V ÷ 1 mA = 100 kΩ より「漏電している電気製品～人体～大地」という経路の抵抗が 100 kΩ 以下であるなら感電する。このパターンを図 2.16 (a) に示す。このケースの漏電の場合、大地と人体が電流経路の一部を構成する。

(a) アース端子付き 2P コンセント　　(b) アース接続部分

図 2.17　アース付きコンセント

水を扱う場所にある電気製品、たとえば洗濯機、温水便座、電子レンジなどはアース線がついている。図 2.17 (a) は、アース端子付き 2P コンセントである。左下のフタの奥にアース端子があり、フタの中は同図 (b) のようになっている。アース線をアース端子にネジで固定する。アース端子は地中の導体棒に接続されている。こうしておけば、漏電が起こっても図 2.16 (b) のように電流が流れ、人体に電流は流れない。

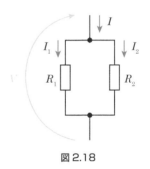

図 2.18

図 2.16 (b) のときに人体に電流が流れない理由は図 2.18 で説明できる。図 2.18 において、電流の比は以下のようになる。

$$I_1 : I_2 = V/R_1 : V/R_2 = 1/R_1 : 1/R_2 = R_2 : R_1$$

図 2.16 (b) において、アース線を含む経路の抵抗は非常に小さく、人体を含む経路はある程度の抵抗値を持つ。ゆえにほぼ全ての電流がアース線を

流れ、人体にはほとんど電流は流れない。

　ただし、アース線を接続すると 100 % 安全かというと、そうとは言えない。筆者は電子レンジが漏電して感電したことがあるが、そのとき電子レンジのアース線はアース端子に取り付けてあった[19]。

　漏電遮断器は漏電が起こったときに回路を遮断する[20]。その原理は以下の通りである。漏電していないとき、図 2.16 (a)(b) 中の a と b の場所の電流値は同じである。漏電が起こると a > b となる。漏電遮断器は a と b の電流値が異なる状態が 0.1 秒以上続いたとき、回路を遮断する。一般家庭の漏電遮断器は、定格感度電流が 30 mA（この電流以上なら必ず動作する）、定格不動作電流が 15 mA（この電流以下なら動作しない）である。漏電遮断器が動作する電流の閾値は 15 mA ～ 30 mA の間にある。

　表 2.1 より人間が離脱不能になるのを 10 mA 以上とすると、人体を流れる漏電電流が 10 mA ～ 30 mA の場合、離脱不能であるにもかかわらず漏電遮断器は動作しないという危険がある。漏電による感電の危険性をより低減させるため、コンセントに取り付けるタイプの漏電遮断器が販売されており、より小さな電流で動作する[21]。

=2.6　電気による火災事故

　電気は火災を引き起こすことがある。その危険性について本節で学ぶ。電気火災の要因は、発熱である。電力を求める式は $P = I^2 R$ である。数式から分かるように、「電流が大きい」「抵抗が大きい」ときに発熱が大きくなる。以下のことが起こりうる[22]。

19　メーカーに問い合わせたところ、その製品の筐体は金属製でアース線と接続されているとのことであった。もし漏電していれば漏電電流がアース線に流れ、漏電遮断器が作動するはずである。そうならなかったのは、何らかの原因によりアースが不完全であったと考えられる。

20　漏電遮断器は漏電を検知する機能に加えて、大きな電流が流れると回路を遮断する機能も持っている。単相 3 線式の場合、ホットの線が 2 本ある。筆者宅の漏電遮断器は、どちらかのホットの線を流れる電流が 60 A を超えると回路を遮断する。

21　たとえば旭東電気株式会社の漏電保護タップ（定格感度電流 15 mA）、テンパール工業株式会社のビリビリガードプラス（製品によって定格感度電流が異なる。6 mA、15 mA の製品がある）などがある。

22　参考　博士論文「電気設備機器火災の現象解明と火災兆候検出手法に関する研究」竹中清人（2021）名古屋工業大学
　　差込プラグの熱劣化による発火機構　芦澤清美　Bulletin of Japan Association for Fire Science

1 発熱の結果、温度が上昇し、発火する

2 発熱の結果、コードの被覆が溶融あるいは劣化[23]して、心線同士がショートする。ショートすると、大電流が流れる。それによる発熱、溶融した高温の心線の飛散、アーク放電(高温)、などにより発火する。

ショートの原因としては、コードなどの発熱以外に、コードが物理的に破損してショートする場合もある。椅子の足でコードを踏んだり、コードをステープルで打ち付けることで、コードの被覆が破れてショートする。

電気火災につながるケースとして、以下のケースがある。

● コードを束にすることで発熱して火災

延長コードを図2.19のように、束にしてはいけない。コードは導体であり、電気抵抗は非常に小さいがゼロではない。電流が流れるとジュール熱が発生する。ドライヤーや掃除機のコードが熱くなる現象

図2.19 束にした延長コード

は、だれもが経験していると思う。ドライヤーや掃除機は1000 W以上の電力を消費する。力率を1とすると、1300 Wの電気機器は13 Aの電流が流れる。許容電流が12 Aの延長コードの断面積は1.25 mm²である。5 mの延長コードは往復で10 mだから、コードの往復分の抵抗は0.14 Ωである[24]。13 Aの電流が流れると $P = I^2 R = 13 \times 13 \times 0.14 \fallingdotseq 23$ [W]の発熱がある。23 Wは一点に集中すると余裕で発火する値である。筆者が23 Wのハンダごてを新聞紙の間に挟み、下敷きで扇いで風を送ったところ、発火

---

and Engineering Vol.50, no.2, pp.63-70 (2000)

　放熱不良に起因する電線被覆の熱劣化による短絡のメカニズムに関する研究　李義平ら
Bulletin of Japan Association for Fire Science and Engineering Vol.51, no.2, pp.21-27 (2001)

　有機絶縁物のトラッキング現象と火災　木下勝博　鑑識科学 , 6(2), pp.65-83(2002).

23 熱によってコードの被覆やプラグが長時間かけて劣化するメカニズムは非常に複雑である。大まかな理解としては以下のようになると思われる。熱によって化学的な変化が起こり、「抵抗が低下する」と「吸湿物質が発生し、それが空気中の水分を吸収して抵抗が低下する」が起こる。劣化した物質内で放電が起こり、炭化導電路を形成し、最終的にショートして発火する。

24 1章で学習した電気抵抗率を利用すると求まる。抵抗値は長さに比例し、断面積に反比例する。銅の抵抗率は 1.72×10^{-8} なので、$1.72 \times 10^{-8} \times 10 \div (1.25 \times 10^{-6}) \fallingdotseq 0.14$ となる。

した。23 W のハンダごてのコテ先は 400 ℃以上になる[25]。延長コードを束にすると、その場所に発熱が集中するので危険である。

　以前、何ワット以上のエネルギーがあれば発火するかを実験したことがある。許容電力 0.25 W の抵抗（電子部品）に電流を流したところ、抵抗の消費電力が 5 W を超えると赤く光った。ちり紙をのせると、赤く光り焦げた。可視光が出ている物体は 500 ℃以上[26]なので、5 W は火災を引き起こすことが可能なエネルギーであると考えられる。1.5 V　0.3 A の豆電球の消費電力は 1.5 V × 0.3 A ≒ 0.5 W であるが、フィラメントの温度は 2000 ℃を超えていると思われる。1 W 以下の電力でも一点に集中すると高温になる。

　図 2.20 のようなリールは「巻き付けているときの許容電流」と「コードを延ばしたときの許容電流」が別々に定められている。製品に○ A と書いてある表示は、コードを延ばしたときの許容電流である。巻き付けた状態で、コードを延ばしたときの許容電流を流してはいけない。

　YouTube に、ケーブルを巻くことによる火災の動画が多くアップロードされている。「延長コード」「火災」で検索すると見つかるので、読者は一度動画を見てその怖さを実感してほしい。

図 2.20　リール

● 半断線で発熱し火災

　コードは図 2.21 のように、細い線が撚りあわさって構成されている。1 本 1 本の細い線は弱いので、衝撃や金属疲労によって断線することがある。細い撚り線の一部の線が断線することを半断線という。プラグを

図 2.21　より線ケーブル

25　大洋電気のはんだごて KS-20R (23W) のこて先温度は 435 ℃である。新聞紙の発火点は 290℃である。

26　「理科年表」(2022) p.418 に高温度と色の関係が記述されている。初期の赤熱の 500℃を採用した。

コンセントから抜くとき、図 2.22 の A の部分を持たなくてはならない。B の部分を持って引き抜くと、プラグ付け根の力がかかる部分に半断線が起こる可能性がある。コードを椅子の脚で踏んだり、物が乗ることによっても半断線はおこる。あるいは頻繁に曲げ伸ばしをすると、金

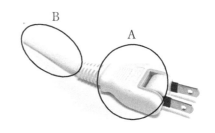

図 2.22　プラグ

属疲労により半断線が起こる。たとえばドライヤーは「動かして使う」ので半断線が起こりやすい。収納時に本体にコードを巻き付けることも半断線の原因となり得る。

　半断線が起こった箇所は抵抗値が大きくなり、発熱する。発熱の結果、火災が起こることがある。また、発熱により被覆が溶融あるいは劣化してショートし、火災につながることもある。YouTube には半断線による火災の動画が沢山ある。「半断線」「火災」で見つけることができる。

　筆者の家族が中古の電気ストーブをネットの個人取引で購入し、使用していたところ、突然プラグの付け根から花火のように火花が出た。半断線を原因とするショートと思われる。中古家電を購入するときは、そのようなリスクがある。

● 接触不良で発熱し火災

　金属と金属の接触部分には接触抵抗と呼ばれる小さな抵抗が存在する。接触不良が起こると、その場所の抵抗が増加し発熱する。あるいはスパークが発生する。その結果、火災につながる。接触不良は先が曲がったプラグをコンセントに差すことなどで発生する。

● コードが破損してショートして火災

　コードを椅子の脚で踏んだり、ステップルで打ち付けることで、被覆が破れ、心線同士がショートする場合がある。ショートは当然のことながら、火災につながる。

● トラッキング火災

　プラグに埃がたまると、発火して火事に至ることがある。その詳細なしく
みを以下に示す[27]。

　プラグに埃がたまり、それが水分を含むと、水は電気を通すから、ほこり
に微弱電流が流れる。電流が流れることによって発生する熱エネルギーで水
が蒸発し、導電経路が切断される。切断された瞬間、切断された場所に大き
な電圧が発生し、小さなスパーク（火花）が発生する[28]。そのスパークがプラ
グの絶縁体を黒鉛化（グラファイト化）させ、黒鉛化した部分は電気を通す
ようになる。これが何回も繰り返され、プラグの黒鉛化した部分が拡大して
ゆき、トラック（導電路）が形成される。ついには、プラグの 2 つの電極間
がトラックで結ばれ、その場所に大電流が流れ、発火し、火事にいたる。

　普段は目につかない場所で埃がたまりやすい場所にあるコンセントに電源
プラグを差し、抜き差ししない状態が長く続く場合は、要注意である。

　トラッキング火災は電気機器が on/off の状態に関係なく発生する。

　トラッキング火災を防ぐには「プラグに埃がかからないようにする」「プ
ラグに付着している埃を定期的に吹き飛ばす」ことが必要である。最近のプ
ラグは図 2.22 のように、刃の根元が絶縁体で覆われており、トラッキング
火災を防止するための処理がされている。

● 電流量の計算

　延長コードには「1500 W まで」あるいは「定格[29] 125 V　15 A」のよう
に許容できる電圧や電流の最大値が書いてある。コンセントの電圧は 100 V
なので、電気製品の力率が 1 であると仮定した場合、「1500 W まで」と「15
A まで」は同じ意味である。

　コードの抵抗は断面積に反比例するので、太い（断面積が大きい）コード
ほど抵抗は小さい。コードの抵抗を R とすると、電力（発熱量）は $P=I^2R$

27　参考　http：//www.west-fire.jp/syobo/kasaityousa/kasaityousa.pdf　西置賜行政組合消防
本部　火災調査室から　アクセス 2019.9.20
　　有機絶縁物のトラッキング現象と火災　木下勝博　鑑識科学 , 6(2), pp.65-83(2002).

28　スパーク＝放電（空気中を電気が流れる現象）である。放電が起こるか否かは電界の強さに依
存する。空気の絶縁耐力は 3 kV/mm なので、100 V なら 30 μm 以下の空隙で放電する。

29　かけてもよい電圧、流してもよい電流の最大値

なので、太いコード（R が小さい）ほど同じ電流値でも発熱量は小さくなるので、より大きな電流を流すことができる。

「延長コードに接続する電気機器」の電流値の合計を許容値以下にすることが必要である。電気製品には消費電力が記載されている。1.11 節で学習した力率を 1 と仮定するなら、消費電力をコンセントの電圧である 100 V で割ると電流値が分かる。例えば 1200 W のドライヤーの消費電流は 12 A である。

力率が 1 より小さい電気機器の消費電流は、力率を η で表すと

$$P = V \times I \times \eta$$

なので、

$$I = \frac{P}{V} \cdot \frac{1}{\eta}$$

である。消費電力 P が同じであっても、力率 0.5 の電気機器に流れる電流は、力率 1 の電気機器に流れる電流の 2 倍になる。厳密には力率が分からないと、消費電力から電流を求めることができないが、電気製品に力率は記載されていない。

力率が 1 より小さい電気機器としては、ワットチェッカーで測定した範囲では以下のものがある。

　　電球形蛍光灯（数個調査：0.55 ～ 0.6）

　　LED 電球（4 個調査：0.55 ～ 0.65）

　　電子レンジ（3 台調査：0.85 ～ 1）

　　掃除機（4 台調査：0.7 ～ 1）

製品個々のばらつきが大きいので、「掃除機の力率は○○」のような一般的なことは言えない。安全を考えるなら、上記の電気機器は電流値を少し多めに見積もるとよい。

電気機器によっては皮相電力（単位は VA）が記載されていることがある。皮相電力は $V \times I$ を表しており、電圧（100 V）で割ることで電流を求めることができる。

● たこ足配線

「たこ足配線は良くない」と言われる。
「たこ足配線」は図 2.23 のように、多
数の電気機器を 1 つのコンセント（あ
るいは延長ケーブル）に接続している
状況を意味する。延長コードの許容電
流が 15 A の場合を考える。計算上は
1000 W の電気ストーブなら 2 個接続
するだけでアウトであり、10 W の AC

図 2.23　たこ足配線

アダプタなら 150 個接続しても大丈夫である。電気機器の消費電力は機器に
よって大きな差があるので、計算上は多数接続することが必ずしも危険とは
言えない。ただし、たこ足配線は以下のリスクがあると思われる。

- 図 2.23 のような状態で使用すると、どこかに差し込み方が緩く、すきま
  が空いている場所が生じ、ショートのリスクが高まる。また、プラグとコ
  ンセント間の接触不良による発熱、発火のリスク、トラッキング火災のリ
  スクも高まる。

延長コードの許容電流以外に、電流の合計に気をつける必要がある箇所と
して、コンセントの定格電流（流してよい電流の最大値）がある。図 2.11
や図 2.17 (a) のような形状のコンセントの定格電流は 15 A である（差し込
み口が複数ある場合は合計の電流値）。ブレーカーの定格電流は 20 A だから、
図 2.8 のケースで、コンセント A で 20 A 使い、コンセント B と照明器具は
使わない場合、ブレーカーは落ちないが、コンセント A では定格である 15
A を超える電流が流れ続けてしまい、危険である。

⌐2.7　テスタ

図 2.24 はテスタと呼ばれる測定器具である。デジタル式とアナログ式が
あるが、今はアナログ式のものは、ほとんど見かけなくなってしまった。図
2.24 にデジタルテスタを示す（デジタルマルチメータと呼ばれることもあ
る）。安価なものは 3000 円程度で買えるので、家庭に 1 台揃えておきたい道
具である。最も機能が少ない製品でも以下の機能を持っている。

1 直流電圧を測る
2 交流電圧を測る
3 抵抗を測る

各機能の用途について説明する。

● 直流電圧を測る

電池の電圧を測るのに使える。リモコン、置時計、懐中電灯などが動作しないとき、「電池がなくなった」のか「故障や接触不良」なのかを判定するには、電池の電圧を測定すればよい。乾電池の公称電圧は 1.5 V であるが、新品のときは 1.65 V くらいある。自宅のエアコンのリモコンが動作しなくなったとき、電圧を測定すると 1.28 V であった。

図 2.24　テスタ

● 交流電圧を測る

電気機器が動作しないときにコンセントをチェックするときに使える。スイッチを入れても電気機器が動作しないとき「コンセントまで電気がきてない」か「機器が故障している」かどちらかである。テスタを使ってコンセントの電圧を測定し、ほぼ 100 V なら、電気は来ている。100 V という危険な電圧を測定するので、測定時にテスト棒の金属部分に触れてはならない。感電の恐れがある。

なお、テスタがない場合にコンセントに電気が来ているか否かをチェックしたいときは、デスクライトなど持ち運びが容易な電気機器をチェックしたいコンセントに差して動作確認すればよい。

● 抵抗を測る

延長コードが断線しているか否かを判定するには、抵抗を測ればよい。導通している場合、抵抗はほぼ 0 Ω（接触抵抗があるので、0 Ω にならないかもしれないが、2 Ω 以下になる）とな

図 2.25　延長コード

り、導通していない場合、抵抗値は無限大（デジタルテスタの場合 OL と表示される）となる。図 2.25 のような延長コードの場合、① A-C、② A-D、③ B-C、④ B-D の 4 パターンをチェックする。正常なら、「A-C、B-D が導通」あるいは「A-D、B-C が導通」となる。

　電気機器のうち、スイッチと抵抗だけからなる単純な構造のもの（例：ドライヤー、電気ストーブ、はんだごて）は故障しているか否かを、プラグの刃の間の抵抗を測定することで判定できる。スイッチを on にした状態で抵抗を測定したとき、無限大であれば断線が生じており、そうでない有限の値のときは断線は生じていない。

　テスタで測定することで、故障しているか否かを判定可能な電気機器は、スイッチと抵抗からなる単純な構造のものに限られる。たとえば、LED 電球の抵抗値を測定すると、正常な場合でも無限大になる。テスタで抵抗値を測定するしくみは以下の通りである。小さな直流電圧 [30] を抵抗にかけて電流を流し、電圧 ÷ 電流で抵抗を求める。LED 電球は交流 100 V（振幅は 141 V）で駆動するように設計されており、テスタが測定時に発生させる小さな直流電圧では、全く電流が流れない。ゆえに、正常であっても、測定すると「抵抗値無限大」となる。

---

[30]　手持ちのデジタルテスタ PC-500a、DT4282、DT4256、Fluke175 を用いて、1 Ω ~1 M Ω の抵抗を測定したところ、どの場合も 0.2 V 以下であった。テスタは電池を内蔵しており、その電圧を利用する。

第3章 ガス

本章では、ガスは電気とは桁違いのパワーを持つことと、ガスを使うときに必要な換気について学習する。

3.1 ガスはパワフル

電気のパワーについて復習する。コンセントの電圧は交流 100 V であり、定格電流（流してよい電流の最大値）は通常は 15 A なので、取り出せる最大電力は 100 V × 15 A ＝ 1500 W（1.5 kW）である。ゆえに、現在売られている家電製品の最大消費電力は 1500 W 以下である[1]。

オール電化の家では電気で調理をする。最大 1500 W ではパワー不足なので、調理設備は 200 V の電圧を使い、30 A まで使える配線をする。標準的な 3 口 IH クッキングヒーター（200 V 動作）は 3 つのレンジを持っており、その典型的な出力は

$$3.2 \text{ kW} + 3.2 \text{ kW} + 2.0 \text{ kW} \qquad 最大出力 5.8 \text{ kW}$$

である[2]。まとめると、家電製品の消費電力の最大値は表 3.1 のようになる。

表 3.1　家電製品の電圧と最大消費電力

電源電圧	最大消費電力
100 V	1.5 kW
200 V	6 kW

これに対してガス給湯器の出力はリンナイの 24 号[3] は以下の出力を持つ。

給湯 44.2 kW　　　風呂追い炊き 11 kW　　　同時 54 kW

電気に比べるとガスは桁違いのパワーを持っている。真冬に 1 分間 15 L

1　例外として 100 V で 20 A まで使えるエアコン専用のコンセントがある。あまり見かけることはないが、右に示す形をしている。

2　2022/ 春のパナソニックの IH クッキングヒーターのカタログを見ると、多くの製品の出力がこの値である。

3　24 号の意味は「水温 +25 ℃のお湯を 1 分間に 24 L 供給する能力」である。1 秒間に 24 L ÷ 60 s=0.4 L なので、水を温めるためのエネルギーは 400 g × 25 ℃ × 1 cal/g ℃ × 4.2 J/cal=42000 J より 42 kW である。効率が 95 ％なので 42 kW ÷ 0.95 = 44.2 kW が出力となる。

のシャワーを実現するには、40 kW 程度のパワーが必要であることを 1 章で計算した。電気で実現できる最大出力は 6 kW なので、真冬にシャワーを使うには不十分である。オール電化の家では深夜電力を利用して 400 L 程度[4] の貯湯タンクに 65 ℃〜 90 ℃のお湯を蓄える。こうして蓄えた高温のお湯に、加水して給湯する。90 ℃のお湯が 400 L あり、加水する水の温度が 0 ℃のとき、40 ℃で 15 L/ 分のシャワーが何分使えるかを計算すると、

$$(90 \times 400) \div (40 \times 15) = 60 \text{ 分}$$

となる。給湯可能なお湯の総量は $60 \times 15 = 900$ L である。この量のお湯を使い切ると、お湯が使えなくなる。典型的な家庭用の風呂 1 回分の給湯量は 200 L 程度だから、4 回半分のお湯が使えることになる。

その他のガス器具について、代表的な製品の消費エネルギーを記す。いずれのガス器具も電気に比べると非常にハイパワーである。

- ガスファンヒータ（リンナイ）

型番	出力	用途
RC-U5801E	5.81 kW 〜 1.05 kW/ 止	木造 15 畳 / コンクリート 21 畳
RC-Y4002E	4.07 kW 〜 0.76 kW/ 止	木造 11 畳 / コンクリート 15 畳
RC-Y2402E	2.44 kW 〜 0.52 kW/ 止	木造 7 畳 / コンクリート 9 畳

- ガスコンロ（リンナイ）

  デリシア　4.2 kW ＋ 4.2 kW ＋ 1.3 kW

- カセットコンロ（岩谷産業）

  CB-SS-50　　3.3 kW

=3.2　ガスの種類

ガスは大きく 2 種類に分けることができる。

- 都市ガス（天然ガス）
- 液化石油ガス（LPガス: Liquefied Petroleum Gas）

ガス管で供給されるのは都市ガスであり、ボンベで供給されるのは液化石油ガスである。これらのガスの主成分であるメタン、エタン、プロパン、ブタンの構造式を図3.1 (a) 〜 (d) に示す。都市ガスの主成分はメタン[5] であり、

4　370 L, 460 L の製品がポピュラーである。
5　ほとんどの都市ガスの主成分はメタンであるが、例外がある。例外については後述する。

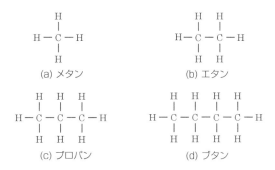

図3.1 ガスの分子構造

液化石油ガスは、家庭にボンベとして供給されるものはプロパンが主成分であり、カセットコンロのカセットはブタンが主成分である。

● 都市ガス

都市ガスから話を始める。ガスの種類は「13A」のように、数字とアルファベットで表される。その意味を表3.2に示す[6]。

表3.2 ガスの種類

数字	発熱量 （MJ / m³）
12	38 ～ 42
13	42 ～ 63

英文字	燃焼速度
A	おそい
B	中間
C	はやい

数字が発熱量を示し、英文字が燃焼速度を表す。以前は6Aや5Cのガスを供給する会社もあったが、2022年の時点で、日本で供給されている都市ガスは13Aと12Aである。ほとんどのガス会社（自治体が供給する場合もある）は13Aを供給しており、12Aを供給するのは国産の天然ガスを用いる少数の会社である。

13Aのガスは3種類ある。ほとんどのガス会社はメタンを主成分とする熱量42 MJ/m³ ～ 46 MJ/m³のガスを供給している。東京ガス、大阪ガスなどが供給するガスは熱量45 MJ/m³であり、組成はメタンが約90%、エタン・

6 出典 http://www.gss-system.org/beforestudydocument.pdf ガス機器設置スペシャリスト新規取得講習受講のための事前学習資料 p.4 アクセス 2019.9.19, 2022.9.19 「ガス機器設置スペシャリスト新規取得講習受講のための事前学習資料 ガス機器設置技能資格制度運営委員会」で検索

プロパン・ブタンが約 10% である[7]。

　銚子ガス、西日本ガス、南日本ガスなどのガス会社はプロパンエアー 13A ガスと呼ばれる熱量 63 MJ/m^3 のガスを供給している。成分はプロパンが約 60 %、空気が約 40 % であり、2010 年の時点で、プロパンエアー 13A ガスの供給量は、国内全供給ガス量の 0.1 % である[8]。

　のしろエネルギーサービス株式会社と男鹿市企業局は、申川油田から供給される国産天然ガス（熱量およそ 51 MJ/m^3 〜 53 MJ/m^3）を原料とした熱量 50 MJ/m^3 のガスを供給している。組成はメタン約 65 % 〜 70 %, 空気約 5 % 〜 10 %、残りがエタン・プロパン・ブタンなどである。

　ガス器具は、最新のものでは 13A, 12A の両方に対応しているが、古いガス器具は片方にしか対応していないものがある。ガス器具を使用するときは、ガスの種類に合った器具を使うことが必要である。ガス器具とガスの種類が合っていないと不完全燃焼により、一酸化炭素が発生し、大変危険である。一酸化炭素中毒については、後で説明する。

=3.3　都市ガスの熱化学方程式

　都市ガスの主成分はメタンである。メタン 1 mol（モル）[9] が燃焼したときの熱化学方程式を (3.1a)(3.1b) に示す[10]。式中の (気) は気体、(液) は液体を表す。(3.1a) は生成する水が液体の場合、(3.1b) は水蒸気の場合の式である。

$$CH_4 \,(気) + 2O_2 \,(気) = CO_2 \,(気) + 2H_2O \,(液) + 890 \text{ kJ} \qquad (3.1a)$$

重さ	16 g	64 g	44 g	36 g
体積	24.8 L	49.6 L	24.8 L	

$$CH_4 \,(気) + 2O_2 \,(気) = CO_2 \,(気) + 2H_2O \,(気) + 802 \text{ kJ} \qquad (3.1b)$$

重さ	16 g	64 g	44 g	36 g
体積	24.8 L	49.6 L	24.8 L	49.6L

7　東京ガス、大阪ガスのホームページの成分表による。

8　博士論文　PA-13A 製造プラントの開発に関する研究　上小鶴正康（2010）

9　1 mol は 6×10^{23} 個（アボガドロ定数）を表す。

10　燃焼エネルギーは 25℃ での標準状態に換算された値を採用する。「ボルハルト・ショアー　現代有機化学　上」p.162 に掲載されている値の小数点以下を四捨五入。

分子 1 mol の重さはその分子を構成する各原子の原子量[11] の和で求まる。原子量を H=1, C=12, O=16 とすると、例えば CH_4（メタン）1 mol の重さは 12 + 1 × 4 = 16 g である。気体 1 mol の体積は分子の種類によらず 24.8 L である[12]。

(3.1a) と (3.1b) を比べると「水の蒸発熱は 44 kJ/mol」「メタンが燃焼して生成される水が水蒸気の形態をとるとき、燃焼熱の約 1 割が水を蒸発させるために使われる」ということがわかる。ガスファンヒータの場合、生成される水は水蒸気になるので、何 mol のメタンが燃焼するかを求めるときは (3.1a) を用い、室温が何度上昇するかを求めるときは (3.1b) を用いる。

暖房計算問題

8 畳[13]（床面積 13.2 m², 天井高さ 2.4 m）の閉め切った部屋で 6 kW のガスファンヒータを 1 時間運転する。以下の仮定を置く。

  ・部屋は断熱状態であり室外へ逃げる熱はない。空気の出入りもない

  ・生成される水は水蒸気の形態をとる

室温は何度上昇するか。また水蒸気の発生量、酸素の減少量、二酸化炭素の増加量を求めよ。ただし、以下の物理定数、物理量を使いなさい。

空気の比重	1.2 kg/m³
空気の比熱	1 kJ/kg°C
酸素濃度の初期値	21 %
二酸化炭素濃度の初期値	0 %（正確な値は 0.04 %）

答え

以下の手順で考える。

---

11 原子量が n の原子を 1 mol 集めると n グラムになる。

12 24.8 L は 25 ℃ , 1 bar (1000 hPa) のときの値である。高校の教科書には 22.4 L と書いてあるが、これは 0 ℃ , 1 atm (1013 hPa) のときの値である。気体の体積は 1 ℃ 増えるごとに 1/273 増加するので、25 ℃ , 1 atm なら 24.45 L となる。ここではおおよそのことが分かればよいので、小さな差は気にせず話を進める。

13 畳の畳数から床面積は以下のように見積もることができる。畳の広さは地方によって若干異なるが、おおむね 2 畳 = 1 坪である。1 坪は約 3.3 m² なので「8 畳 =4 坪」となり、3.3 × 4=13.2 m² となる。坪はかつては土地の広さを表すのに使われた。1 坪は人間 1 人が 1 日に食べる米（3 合）を生産するために必要な面積である。ただしこれは大宝律令の頃の話らしい。令和 3 年の日本では 1 m² あたりの収量は 535 g であり、米一合が約 150 g と考えると、535 × 3.3 ÷ 150=11.77 ≒ 12 合 となる。現在の米の単位面積あたりの収量は、奈良時代の 4 倍に増えていることになる。

- 何 mol のメタンが燃焼するか

6 kW のガスファンヒータが 1 時間に発生させる熱量は

$$6 \text{ kJ/s} \times 3600 \text{ s} = 21600 \text{ kJ}$$

である。1 mol のメタンを燃焼させると 890 kJ の熱が発生するので、燃焼するメタンの量は (3.1a) を使って

$$21600 \text{ kJ} \div 890 \text{ kJ/mol} = 24.26\cdots \text{ mol} \fallingdotseq 24 \text{ mol}$$

である。(3.1a) の約 24 倍の反応が起こる。

ガスファンヒータの場合、生成する水は水蒸気となる。ガスファンヒータが発生させるエネルギーのうち、空気を暖めるのに使われるエネルギーは (3.1b) を用いて、

$$802 \text{ kJ/mol} \times 24 \text{ mol} = 19248 \text{ kJ} \fallingdotseq 19200 \text{ kJ}$$

である。

- 室温は何℃上昇するか

まず、室内の空気を 1 ℃上昇させるのに必要なエネルギーを求める。次に「空気を暖めるための 19200 kJ」を「1 ℃上昇させるのに必要なエネルギー」で割ると、何度上昇するかが分かる。

室内の空気の体積は

$$13.2 \text{ m}^2 \times 2.4 \text{ m} = 31.68 \text{ m}^3 \fallingdotseq 32 \text{ m}^3$$

である。空気の比重 1.2 kg/m^3 を利用して重さを求めると、

$$32 \text{ m}^3 \times 1.2 \text{ kg/m}^3 = 38.4 \text{ kg}$$

となる。空気の比熱 1 kJ/kg℃ より、室内の空気を 1 ℃上げるのに必要なエネルギーは

$$38.4 \text{ kg} \times 1 \text{ kJ/kg℃} = 38.4 \text{ kJ/℃}$$

である。空気を暖めるのに使われるエネルギーである 19200 kJ を 38.4 kJ/℃で割ると

$$19200 \text{ kJ} \div 38.4 \text{ kJ/℃} = 500 \text{ ℃}$$

となる。これは実感とはかけ離れた値である。その理由はガスファンヒータが発生させるエネルギーのうち、空気を暖めるのに使われるエネルギーはごく一部であり、残りは床・壁・家具を暖めるのに使われたり、室外へ逃げるからである。

断熱状態の 8 畳の部屋があり、ガスファンヒータの燃焼エネルギーの全て

が空気を暖めるのに使われると仮定すると、室温を 20 ℃上げるのに必要な時間は、「500 ℃上げるのに 60 分」だから、

$$60 \text{ 分} \times 20 \text{ ℃} / 500 \text{ ℃} = 2.4 \text{ 分}$$

である。このことは、冬の暖房時に換気のために窓を開けて、部屋の空気を全て交換して室温が 0 ℃になっても、室内の壁や床が暖まった後であれば、3 分弱で室温は 20 ℃まで回復することを示している。

なお、8 畳の部屋の暖房に適切なガスファンヒータの出力は 3 kW 程度であり、6 kW はかなりオーバースペックな設定である。

- 水蒸気の発生量

発生する水蒸気の量は 24 mol なので

$$36 \text{ g/mol} \times 24 \text{ mol} = 864 \text{ g}$$

である。加湿器に関するサイト[14] によると、室温 20 ℃・湿度 30 ％のとき、プレハブ 8 畳の部屋を湿度 60 ％に維持するには、1 時間あたり 300 mL が必要と書いてある。それに比べると大きな量である。実際にガスファンヒータを使う場合、部屋が暖まった後は出力を落とす。平均出力 1 kW なら、水蒸気の発生量は上記の 1/6 になるが、ガスファンヒータは相当な加湿効果がある。

- 酸素・二酸化炭素濃度の変化

8 畳の部屋中の空気の体積は 32 m^3 であるから、1 m^3 = 1000 L より 32000 L である。酸素の量の初期値は、空気中の酸素濃度を 21 ％と仮定するので、

$$32000 \text{ L} \times 0.21 = 6720 \text{ L}$$

である。(3.1b) の 24 倍の反応が起こるので、消費する酸素量、発生する二酸化炭素量と水蒸気量（水は結露しないことを仮定）はそれぞれ以下の通りである。

$$O_2 \quad : \quad 49.6 \text{ L} \times 24 = 1190 \text{ L}$$
$$CO_2 \quad : \quad 24.8 \text{ L} \times 24 = 595 \text{ L}$$
$$H_2O \quad : \quad 49.6 \text{ L} \times 24 = 1190 \text{ L}$$

差し引きすると空気の体積は

---

14 https://allabout.co.jp/gm/gc/18797/ All about 20th 暮らし　アクセス 2021.10.11, 2022.9.19 「部屋の大きさに合わせた加湿器を選ぶ」で検索

$$32000 \text{ L} - 1190 \text{ L} + 595 \text{ L} + 1190 \text{ L} = 32595 \text{ L}$$

となり、少し増える。1 時間後の酸素濃度は、

$$(6720 \text{ L} - 1190 \text{ L}) / 32595 \text{ L} = 0.1696\cdots\cdots (17.0 \text{ \%})$$

になる。安全限界は 18 ％であり、16 ％になると頭痛、吐き気がおこる[15]。酸素濃度 17.0 ％は安全限界を下回っており、換気が必要である。

二酸化炭素濃度は以下のようになる。

$$595 \text{ L}/32595 \text{ L} = 0.0182\cdots\cdots (1.8 \text{ \%} = 18000 \text{ ppm})$$

二酸化炭素濃度は ppm で表されることが多い。1 ppm は百万分の一であるから、10000 ppm ＝ 1％, 1000 ppm ＝ 0.1 ％である。

2020 年の春から新型コロナウイルスの感染に注意を払う生活が続いている。感染防止には換気が重要であり、換気の指標としては CO_2 濃度を測定する。自然界の CO_2 の濃度は約 400 ppm であり[16]、室内の CO_2 濃度が 1000 ppm (0.1 ％) を超えると思考力、集中力が減少する[17]。労働衛生上の許容濃度は 5000 ppm (0.5 ％) であり、30000 ppm (3 ％) で「呼吸困難にいたる。頭痛、吐き気、弱い麻酔性を伴い、視覚が減退し、血圧や脈拍が上がる」という影響がある[18]。脱出限界濃度は 40000 ppm (4 ％) である[19]。上で求めた1.8 ％ (18000 ppm) という数値は換気が必要な数値である。

● 一酸化炭素 (CO)

酸素濃度、二酸化炭素濃度のどちらも危険な値であるが、それよりもはるかに危険なのが一酸化炭素（CO）の発生である。CO は血液中のヘモグロ

15　出典 https://www.mhlw.go.jp/new-info/kobetu/roudou/gyousei/anzen/dl/040325-3a.pdf　厚生労働省　安全衛生関係リーフレット　なくそう！酸素欠乏症・硫化水素中毒　アクセス 2022.12.12

16　出典　https://www.data.jma.go.jp/ghg/kanshi/ghgp/co2trend.html　気象庁　アクセス 2022.9.19　2020 年に 413 ppm であり、毎年 2.5 ppm ずつ増加している。

17　出典　https://www.san-eee.com/measuring/co と co2 濃度の人体への危険度に関して /　株式会社サン・イ（世界最大のバーナーメーカー）の中のページ　アクセス 2019.9.19, 2022.9.19「CO と CO2 濃度の人体への危険度に関して」で検索

18　「人間の許容限界事典」朝倉書店 (2005)p.772 表 3.2 より引用　東京消防庁提供の資料によると書いてある。

19　「火災便覧　第 4 版」(2018) p.383　米国労働安全衛生局の脱出限界濃度が 40000 ppm と書いてある。

ビンと結びつく強さが、酸素に比べると約 200 倍の強さを持っている[20]。O_2 濃度 20 ％, CO 濃度 0.1 ％ のとき、ヘモグロビンと結びつく O_2 と CO の割合は 1:1 となる[21]。「ヘモグロビンと結びつく CO の割合が 40 ％」が致死についての閾値なので、CO 濃度 0.1 ％ の空気は致死的である[22]。

一酸化炭素は無色無臭なので、自覚がないまま中毒症状に陥り、非常に危険である。一酸化炭素中毒は脳にダメージ与え、後遺症が残ることがある。

CO 濃度が 100 ppm (0.01 ％) で中毒症状、1000 ppm (0.1 ％) で死亡する可能性がある[23]。「CO 中毒事故防止技術[24]」によると、800 ppm (0.08 ％) のとき「45 分間で頭痛・めまい・吐き気・けいれん、2 時間で失神」、1600 ppm (0.16 ％) のとき「20 分間で頭痛・めまい・吐き気、2 時間で死亡」とある。

不完全燃焼は酸素濃度が低下すると起こる。不完全燃焼がはじまる酸素濃度は、器具の構造や器具周辺の空気の流れなど個別の条件によるため一概には言えないが、一般的に酸素濃度が 18 ％ 以下になると不完全燃焼が起こる危険性が高まる[25]。酸素が 18 ％ になる（3 ％ 消費する）時刻を求める（ここでは室内の空気の増加は無視する）。

---

20 「火災便覧 第 4 版」(2018) p.379 書籍や論文によってこの値は多少異なる。https://nagano-iryoueisei.ac.jp/medical/wp-content/uploads/2020/06/20201.pdf 急性一酸化炭素中毒 瀧野昌也 成田会・研究ジャーナル第 1 巻 (2020) pp.1-14 アクセス 2022.9.19 には 240 倍と記述されている。「生理学テキスト 第 5 版」大地陸男 (2007) の p.363 には 230 倍と記述されている。

21 「CO 濃度」と「CO と結びつくヘモグロビンの割合 (CO-Hb)」は完全な比例関係ではない。また「火災便覧 第 4 版」(2018) p.379 の図 6.38 (CO 濃度と CO-Hb の対応グラフ) を見ると、ここでの単純計算よりもヘモグロビンと結びつく CO の量は多い（たとえば CO 濃度 0.1 ％ のとき CO-Hb は最終的に約 65 ％）。一方で「火災便覧 第 3 版」(1997) p.210 の表 3.13 には本書の説明とおおむね一致する値が示されている。おおよその理解としては本書の記述でよいと思われる。

22 出典 http://www.nihs.go.jp/hse/chem-info/aegl/agj/agCarbonmonoxide.pdf 国立医薬品食品衛生研究所の AEGL（急性曝露ガイドラインレベル）の一酸化炭素 アクセス 2022.5.5, 2022.9.19

23 出典 http://www.thr.mlit.go.jp/Bumon/B00093/K00490/eizen/hozen/h-news/print/hozennews103.pdf 国土交通省 東北地方整備局のサイト内の pdf ファイル 保全ニュースとうほく アクセス 2019.9.19, 2022.9.19 「一酸化炭素（CO）中毒に要注意！」で検索

24 出典 https://www.meti.go.jp/policy/safetysecurity/industrialsafety/sangyo/lpgas/anzentorikumi/fileitakujigyou/20201s.pdf CO 中毒事故防止技術 経済産業省 高圧ガス保安協会 p.12 アクセス 2022.3.31, 2022.9.19

25 参考 http://www.gss-system.org/beforestudydocument.pdf ガス機器設置スペシャリスト新規取得講習受講のための事前学習資料 p.8 アクセス 2019.9.19, 2022.9.19 「ガス機器設置スペシャリスト新規取得講習受講のための事前学習資料 ガス機器設置技能資格制度運営委員会」で検索

3 ％の酸素は

$$32000 \text{ L} \times 0.03 = 960 \text{ L}$$

である。1 時間（60 分）で消費する酸素量は 1190 L であったから、960 L 消費するのに必要な時間は、

$$60 \text{ 分} \times (960 \text{ L})/(1190 \text{ L}) = 48.4\cdots\text{分} \doteqdot 48 \text{ 分}$$

となり、48 分後である。ガス器具を使うときは換気に十分な注意を払う必要がある。

ここではガスファンヒータについて考えたが、台所用の小型湯沸かし器は約 10 kW の出力を持つ。非常に大きな出力であり、換気に最大限の注意が必要である。

● ガスストーブ・ガスファンヒータの選び方

出力を調整できるか否かが重要である。図 3.2 (a) のガスストーブ[26]は手動で off ／弱／強 の 2 段階しか出力を調整することができず、「部屋が暖まったので出力を落とす」という動作が自動でできない。常に一定のエネルギーを消費し続けるので、不経済である。ただし 100 V の電源がない場所でも使用できる。

それに対して図 3.2 (b) のガスファンヒータは出力が可変である（最低出力時は off になる）。ただし、エアコンとは出力可変の範囲が異なる。エアコンの場合は、0 W ～ 1000 W のように広い範囲で出力を調節できるが、ガスファンヒータの場合は off ／ 0.7 kW ～ 4 kW のように、最低出力を 0 kW 近くまで落とすことができない。部屋が暖まった後は、「off」と「on の最低出力」

(a) ガスストーブ　　　　　　(b) ガスファンヒータ

図 3.2　ガスストーブとガスファンヒータ

26　（株）リンナイの Web サイトから引用

図 3.3 エアコンとガスファンヒータの室温変化

を交互に繰り返すことになり、エアコンに比べると室温の変動が大きい。室温変化のイメージを図 3.3 に示す。

筆者はガスファンヒータの購入を考えるとき、「最大出力」よりも「最低出力をどこまで落とせるか」を重視する。最低出力が小さいほど、部屋がいったん温まった後の室温変化は少なくなり、快適である。

ただし、最低出力が小さいガスファンヒータは最大出力も小さい。通常はガスファンヒータを設置する部屋には、夏に備えてエアコンも設置されているので、部屋が冷えきっているときはエアコンとガスファンヒータを併用し、部屋が暖まってからエアコンを止めるという方法を使えば、ガスファンヒータの出力は小さくても済む。筆者の自宅ではそのような運用をしており、約 18 畳の部屋に対して最大出力 2.4 kW のガスファンヒータを使っている。

古いガス器具の出力は kW ではなく kcal/h で表される。1000 kcal/h を kW に直すには以下のように換算すればよい。

1. ジュールに直す　1000 kcal/h = 4200 kJ/h
2. 時間を秒に直す　4200 kJ / 3600 s = 1.17 kJ/s = 1.17 kW

2 割弱の誤差を許容するなら、目安として 1000 kcal/h = 1000 W と換算してよい。

● ガスコンロの捉え方

ガスコンロで調理をする場合、ガスの燃焼エネルギーの 30 % ～ 55 % 程度が「鍋」や「鍋の中のもの」を温めるのに使われる[27]。筆者は 40 % ～ 45 %

---

[27] 筆者が OSAKA GAS 210-H523 という機種とイワタニのカセットコンロ CB-ZH-30 で実験した結果による。ただしガスコンロはフルパワーにし、出力は仕様書に記載された値を用いた。カセットコンロはブタンガスの使用量から燃焼エネルギーを算出した。炎が鍋の底からはみ出るような場合は 30 % 程度、小さな炎の上に大きな鍋が乗っている場合は 55 % 程度であった。鍋の大きさ、炎の大きさにより大きく変動する。

程度を目安としている[28]。燃焼エネルギーの約 1 割は「燃焼時に生成される水」を水蒸気にするのに使われ、残りは室内の空気を暖めるのに使われる。3 kW のガスコンロで調理をしているとき、熱効率を 4 割と仮定すると、1.2 kW は調理、0.3 kW は水の蒸発に使われ、残り 1.5 kW は暖房しているとみなせる。冷房時はガスレンジの上部の換気扇を必ず回さねばならない。そうでないと、冷房と暖房を同時にしていることになる。

　3 kW のガスコンロは 3 kW のガスストーブやガスファンヒータと同量の酸素を消費し、二酸化炭素と水蒸気を発生させる。不完全燃焼による一酸化炭素中毒を防ぐため、ガスコンロを使用するときは、出力に応じた換気が必要である。そして出力の半分程度のエネルギーは空気を暖めるのに使われると考えればよい。

=3.4　液化石油ガス

　液化石油ガス（LP ガス : Liquified Petroleum Gas）は「プロパン、ブタンなどを主成分とし、圧縮することで常温で液化できる気体燃料」を指す。液化することで体積は約 1/250 になる。プロパン C_3H_8（沸点 −42℃）とブタン C_4H_{10}（沸点 −0.5℃）の構造式を既に図 3.1 に示した。

　気化するとボンベ内の温度が下がる。沸点が高いブタンは気化しづらくなり、ガスの出が悪くなる。ゆえに気化しやすいプロパンの方が使いやすい。しかし、カセットコンロはタンクの位置と炎の位置が近いため、プロパンでは気化しすぎて危険であり、沸点が高いブタンが使われる。

　液体時の比重は 0.5 〜 0.6 程度（水の約半分の重さ）であり、気体時の比重（対空気）はプロパン約 1.5、ブタン約 2.0 である[29]。

　ガス漏れが起こると、ガスが床付近にたまるので、爆発事故が起こりやすい。ガス漏れの警報器は低い位置に設置する。

28　以下の東芝ライフスタイル株式会社のサイトでは約 40 % という数値が示されている。
　　https://www.toshiba-lifestyle.com/jp/living/ih_cooking/pickup/ih/faq/index_j.htm　アクセス 2023.2.26
29　出典　https://kagla.co.jp/ja/wp-content/uploads/2021/03/technicalinfo159.pdf　カグラペーパーテック株式会社　プロパンとブタンの性質一覧表　アクセス 2022.9.19

発熱量を表 3.3 に示す[30]。都市ガスに比べると大きい。LP ガスを使うとき都市ガス用のガス器具は使えず、LP ガス用のガス器具が必要である。LP ガス用のガス器具は都市ガス用に比べると、ノズルや炎孔が小さい。誤用すると火災や一酸化炭素中毒の原因となり、危険である。

表 3.3　ガスの種類と発熱量

ガスの種類	発熱量（MJ/m^3）
都市ガス 13A	45
プロパン	99
ブタン	128

プロパンとブタンが燃焼するときの熱化学方程式を以下に示す。どちらの式も水が液体の場合である。

$$C_3H_8 \, (気) + 5O_2 \, (気) = 3CO_2 \, (気) + 4H_2O \, (液) + 2220 \text{ kJ} \quad (3.2)$$

重さ	44 g	160 g	132 g	72 g
体積	24.8 L	124 L	74.4 L	

$$C_4H_{10} \, (気) + 6.5O_2 \, (気) = 4CO_2 \, (気) + 5H_2O \, (液) + 2876 \text{ kJ} \quad (3.3)$$

重さ	58 g	208 g	176 g	90 g
体積	24.8 L	161.2 L	99.2 L	

練習問題

カセットコンロ（ブタンガス）のカセット 1 個（250 g）に含まれるエネルギーは何 Wh か？

答え

250 g のブタンガスが何 mol に相当するかを計算すると (3.3) より

$$250 \text{ g} \div 58 \text{ g/mol} = 4.3103\cdots\text{mol} \doteqdot 4.31 \text{ mol}$$

となり、4.31 mol である。熱化学方程式によると、1 mol のブタンガスが燃焼すると、2876 kJ のエネルギーが発生するので、総発生エネルギーは

$$2876 \text{ kJ/mol} \times 4.31 \text{ mol} \doteqdot 12396 \text{ kJ}$$

である。Wh に直すと、以下のようになる。

$$12396 \text{ kJ} \div 3.6 \text{ kJ/Wh} = 3.435\cdots \text{ kWh} \doteqdot 3.4 \text{ kWh}$$

カセットコンロの出力は 3.3 kW であった。カセットコンロを 1 時間使ったときの消費エネルギーは 3.3 kWh であるから、約 1 時間フルパワーで使

30　発熱量は脚注 25 を参照した。都市ガス 13A の発熱量は代表的な値を採用した。

えることになる。実際に鍋料理に使用する場合、鍋が温まったら火力を落とすので、さらに長時間もつことになる。

練習問題

プロパンガスのボンベ1個（8kg）に含まれるエネルギーは何 Wh か？

答え

以下の手順で計算する。

1. 何モルのプロパンが燃焼するか

$$8000 \text{ g} \div 44 \text{ g/mol} = 181.81 ≒ 182 \text{ mol}$$

2. 発生する熱量は何 J か

$$2220 \text{ J/mol} × 182 \text{ mol} = 404040 \text{ J} ≒ 404 \text{ kJ}$$

3. J を Wh に換算する

$$404 \text{ kJ} \div 3.6 \text{ kJ/Wh} = 112.22 \cdots \text{kWh} ≒ 112 \text{ kWh}$$

3 kW のコンロなら、112 kWh ÷ 3 kW ≒ 37 h となり、37 時間使うことができる。

=3.5　換気

「自然換気回数」は「換気扇などの機械を使わずに、1時間に室内の空気が何回入れ替わるか？」を表す。0.5 回なら、吸排気口や隙間から出入りする空気の量が、室内容積の5割であることを表す。自然換気は「風」と「室温と外気温の差」によって換気するので、この両者の影響を受ける[31]。また、最近は非常に気密性が高い住宅があり、個々の住宅によって大きく変わると思われる。目安を表3.4に示す[32]。

冷房と暖房を比べると、暖房の方が空気が入れ替わりやすい。その理由は室内外の温度差にある。冷房の場合、室温 28 ℃, 外気温 33 ℃と仮定すると温度差は5℃である。暖房の場合、室温 22 ℃, 外気温 7 ℃と仮定すると温度差は 15 ℃であり、冷房時より大きい。物理学によれば、温度差による

31　参考　「実務者のための自然換気設計ハンドブック」日本建築学会編（2013）1.2 節　自然換気の原理

32　出典　「室内環境汚染のおはなし」環境科学フォーラム（2002）p.41

換気量は「温度差の平方根」に比例する[33]。表 3.4 の数値はその傾向に一致している。風による換気量は風速に比例する。

表 3.4　換気回数 [回 /h]

	冷房時	暖房時
木造住宅	0.2 ～ 0.6	0.5 ～ 1.0
コンクリート住宅	0.1 ～ 0.2	0.2 ～ 0.6

● 換気の計算

　新型コロナウイルスの感染防止には換気が重要である。換気の目安として CO_2 濃度がある。人間は呼吸で CO_2 を排出するので、ガスファンヒータなど CO_2 を排出する機器が室内に存在しない場合、CO_2 の濃度によって換気状態が把握できる。以下では CO_2 濃度に着目して、換気についての計算を行う。

　表 3.5 のパラメータが与えられたとき、室内の CO_2 の量がどのように変化するかを考察する[34]。ただし、部屋内の空気は常に均一であることを仮定する。本項では理系の大学生が学ぶ数学（微分方程式）を扱うので、数学が苦手な読者は読み流して、結果とその使い方をマスターすればよい。

表 3.5　設定するパラメータ

a [L]	自然な状態で室内に存在する CO_2 の量
x [L]	平衡状態における CO_2 の増加量
v [回 /h]	換気回数
L [L/h]	1 時間あたりの CO_2 の発生量

　a はその部屋に自然な状態で存在する CO_2 の量で、部屋の体積 × 0.0004（自然界の CO_2 濃度は 0.04 ％）の値をとる定数である。CO_2 の量の初期値は a である。呼吸などにより、1 時間に CO_2 が L リットル発生する場合、CO_2 の量は徐々に増加してゆき、最後に平衡状態に達する。平衡状態における CO_2 の量を $a + x$ とする。x は平衡状態における「自然な状態からの CO_2 の増加量」である。

　平衡状態では「$1/n$ 時間後の CO_2 の量 (n は大きな数)」と「現在の CO_2

33　たとえば https://tomatoneko.com/kenchiku/kankyo/kannki/　一級建築士試験対策室　アクセス 2022.9.26

34　この表で使用した a, x, v, L は本書ローカルな表記である。換気の業界では別の文字を使っていると思われる。

の量」が等しいので、次式が成立する。

$$\left(a + x + \frac{L}{n}\right)\left(1 - \frac{v}{n}\right) + a\frac{v}{n} = a + x$$

左辺の第１項は、現在の CO_2 の量 $a + x$ に L/n の CO_2 が加わり、換気によりそのうち $1 - v/n$ が残ることを表す。第２項は換気により入ってくる CO_2 の量である。平衡状態においては、その和が現在の CO_2 の量 $(a + x)$ に等しい。a を含む項は、左辺と右辺で等しいので、消去すると、次式が残る。

$$\left(x + \frac{L}{n}\right)\left(1 - \frac{v}{n}\right) = x$$

x について解くと、次式が得られる。

$$x = \frac{L}{v}\left(1 - \frac{v}{n}\right)$$

$n \to \infty$ の極限をとると、次式が得られる。

$$x = \frac{L}{v} \tag{3.4}$$

平衡状態において、室内の CO_2 の量は、自然界に存在する CO_2 の量に L/v を加えた量となる。例えば、換気回数が２なら平衡状態において、室内の CO_2 の量は $L/2$ 増加する。

次に x がどのような曲線を描いて平衡状態に到達するかを考察する。現在の CO_2 の量を x_1 ,$1/n$（n は非常に大きな数）時間後の CO_2 の量を x_2 とするとき、次式が成立する。

$$x_2 = \left(x_1 + \frac{L}{n}\right)\left(1 - \frac{v}{n}\right) \tag{3.5}$$

この式は現在の CO_2 の量 x_1 に L/n が加わり、換気により $(1 - v/n)$ が残ることを表している。(3.5) を展開して $1/n = \Delta t$ と置き、$(\Delta t)^2$ の項は小さいので無視すると、次式が得られる。

$$\frac{x_2 - x_1}{\Delta t} = -vx_1 + L \tag{3.6}$$

$\Delta t \to 0$ の極限をとると (3.6) は以下に示す x に関する微分方程式になる。時刻 t の単位は時間 [hour] である。

$$\frac{dx}{dt} = -vx + L$$

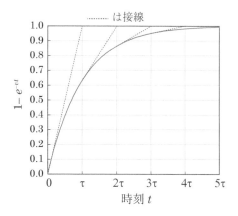

図3.4 $1-e^{-vt}$ のグラフ

$t = 0$ で $x = 0$（初期状態では、室内の二酸化炭素量は自然界の量に等しい）を仮定すると、以下の解が得られる[35]。

$$x(t) = \frac{L}{v}\left(1 - e^{-vt}\right)$$

この関数は $1-e^{-vt}$ を L/v 倍したものである。$1-e^{-vt}$ のグラフを図3.4に示す。0から出発して1に漸近する曲線である。この曲線は、物体が温まる現象など自然界で非常にポピュラーな曲線である。$\tau=1/v$ [h] を時定数と呼び、平衡状態に落ち着くまでの時間の目安を表す（τはギリシャ文字のタウ）。曲線中において、どの時刻から接線を伸ばしても、1に到達するまでの時間は τ である。表3.6の2列目に時刻 τ, 2τ, 3τ, $\cdots$ における関数値を示す。同表の3列目は後で使う。時刻 3τ で最終値の 95 %、4τ で 98 % に到達する。

表3.6 時刻と $1-e^{-vt}$, e^{-vt} の値

時刻	$1-e^{-vt}$	e^{-vt}
0	0.000	1.000
τ	0.632	0.368
2τ	0.865	0.135
3τ	0.950	0.050
4τ	0.982	0.018
5τ	0.993	0.007

---

35 解き方は省略する。興味がある読者は「定数係数線形1階微分方程式」で検索すると、解説するサイトを見つけることができる。e は自然対数の底で 2.718$\cdots$である。

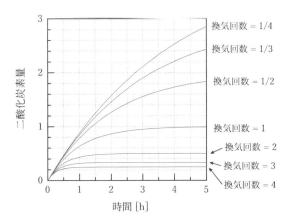

図 3.5　二酸化炭素濃度の時間変化

$L = 1$ とおき、換気回数 v が 1/4, 1/3, 1/2, 1, 2, 3, 4 の場合について、CO_2 の時間変化を図 3.5 に示す。換気回数が小さいと、平衡状態に到達するまでに長い時間がかかることがわかる。

換気の計算問題

8 畳 (13.2 m^2) で天井高さ 2.4 m の部屋に 4 人いる。1 人が 1 時間に排出する CO_2 の量を 20 L、換気回数を 1 とする[36]。室内の CO_2 濃度は常に均一であり、自然界の CO_2 濃度を 400 ppm (1 ppm は 10^{-6}) と仮定する。

平衡状態における CO_2 濃度を ppm で求めなさい。

CO_2 濃度を 1000 ppm 以下に抑えるには換気回数は何回必要か?

答え

部屋の体積は

$$13.2 \text{ m}^2 \times 2.4 \text{ m} = 31.68 \text{ m}^3 \fallingdotseq 32 \text{ m}^3 = 32000 \text{ L}$$

である。1 時間に排出される CO_2 の量は

$$20 \text{ L/人} \times 4 \text{ 人} = 80 \text{ L}$$

である。換気回数が 1 だから、平衡状態における CO_2 の増加量は 80/1=80

36　換気測定のための在室者の二酸化炭素呼吸量の推定　田島昌樹ら　日本建築学会環境系論文集 vol.81 (2016) pp.885-892　Table3 を見ると、静かに腰掛けている状態で 15 L/h, 腰掛けたごく軽い仕事が 18 L/h, 事務作業が 20 L/h とある。ここでは大きめに見積もり 20 L/h と仮定した。

L である。濃度に直すと

$$80 \text{ L} \div 32000 \text{ L} \times 10^6 = 2500 \text{ ppm}$$

である。これに自然界に存在する CO_2 の量である 400 ppm を足すと、平衡状態における CO_2 の濃度は 2900 ppm である。

CO_2 濃度は 1000 ppm 以下が望ましいとされている（多くの市販の CO_2 濃度計はデフォルトで 1000 ppm を超えるとアラームが鳴る）ので、換気回数 1 では換気不足である。

平衡状態において 1000 ppm 以下に押さえるには換気回数がいくら必要かを見積もる。自然界に存在する CO_2 の量である 400 ppm を引くと、600 ppm 分の増加が許容される。体積に直すと

$$32000 \text{ L} \times 600 \times 10^{-6} = 19.2 \text{ L}$$

である。平衡状態における CO_2 の増加量は 1 時間あたりの排出量を L、換気回数を v とするとき、L/v だから、

$$80/v = 19.2 \quad \rightarrow \quad v = 4.166\cdots \fallingdotseq 4$$

となり、約 4 回の換気回数が必要である。

ガスファンヒータの二酸化炭素排出量

ガスファンヒータが平均出力 1 kW で運転されている。CO_2 排出量は人間何人分に相当するか。ただし、人間一人の 1 時間あたりの CO_2 排出量を 15 L と仮定する。

1 時間に消費するエネルギーは 1 kWh だから 3600 kJ である。(3.1a) を利用して mol に換算すると、

$$3600 \text{ kJ} \div 890 \text{ kJ/mol} = 4.04\cdots \fallingdotseq 4 \text{ mol}$$

となる。4 mol のメタンを燃やすと CO_2 が 4 mol 発生するのでその体積は

$$24.8 \text{ L/mol} \times 4 \text{ mol} = 99.2 \text{ L}$$

となる。人間一人の 1 時間あたりの CO_2 排出量を 15 L と仮定するので、人間の数に換算すると、

$$99.2 \text{ L} \div 15 \text{ L/人} = 6.61\cdots \fallingdotseq 7 \text{ 人}$$

となる。

余談であるが、冷房の負荷計算時に人間一人は静座しているとき 100 W

の熱を排出するとして計算する。人間 10 人は 100 W/ 人 × 10 人 ＝ 1 kW の熱を発生させ、1 時間で 15 L/ 人 × 10 人 ＝ 150 L の CO_2 を発生させる。先ほど計算した 1 kW のガスファンヒータは 1 時間で約 100 L の CO_2 を排出した。同量の熱を発生させるガスファンヒータと人間の CO_2 排出量が大きく違わないのは興味深い。

=3.6　エネルギーの単価

1 kWh のエネルギーを電気ストーブで得るのとガスファンヒータで得るのではどちらが得か？　について計算する。

2022.12 の関西電力の料金体系を表 3.7 に示す。

表 3.7　従量電灯 A の料金体系（小数点以下切り上げ）

使用量	価格
最初の 15 kW まで	341 円（23 円 /kWh）
15 kWh ～ 120 kWh	21 円 /kWh
120 kWh ～ 300 kWh	26 円 /kWh
300 kWh ～	29 円 /kWh

電気料金は 25 ～ 30 円 /kWh とみなせる。ガスの使用量は m^3 で表され、ガス料金は何 m^3 使ったかで請求される。大阪ガスの 2022.12 の料金は、使用量によって 1 m^3 あたりの単価が異なる。ガス使用量とそのときの単価を表 3.8 に示す。

表 3.8　ガス料金（小数点以下切り上げ）

ガス使用量 [m^3]	単価 [円 /m^3]
10	297
25	245
50	218
100	201
500	180

筆者の自宅の場合、大人 3 人の世帯で夏は 20 m^3、冬は 80 m^3 程度使っている。ここでは 200 円 /m^3 として計算する。

筆者が利用している大阪ガスは 45 MJ/m^3 である。45 MJ のエネルギーの価格が 200 円である。これを 1 kWh に換算する。1 kWh ＝ 3600 kJ だから、

$$45 \text{ MJ} : 200 \text{ 円} = 3600 \text{ kJ} : x \text{ 円}$$
$$x = 3600 \text{ kJ} \times 200 \text{ 円} \div 45000 \text{ kJ} = 16 \text{ 円}$$

となる。1 kWh あたりのエネルギーの単価は、ガスは電気の 1/2 程度と見積もることができる。火力発電所では燃焼エネルギーのうち半分程度しか電気エネルギーに変わらない。ガスファンヒータを室内で運転した場合、燃焼エネルギーの 100 % が室内に放出される。エネルギー量あたりの燃料の単価が同じであると仮定すると、ガスの価格が電気の 1/2 程度であることは理にかなっている。

電気ストーブとガスファンヒータならガスのほうが得であるが、4 章で学習するヒートポンプというしくみを使うと（例：エアコン）、1 の電気エネルギーで 2 〜 6 の熱エネルギーを得ることができる。エアコンを使う場合、ガスより電気の方が経済的である。

第4章 生活家電

　生活家電は日々の生活に不可欠なものである。しくみを知って、正しく使えるようにしたい。本章で取り上げる生活家電の種類は限られているが、それ以外の製品についても、考え方の基礎を身につけておくことで、正しく選択できるようにしたい。

=4.1　エアコンと冷蔵庫

● 冷やすしくみ

　エアコン（冷房時）と冷蔵庫はどちらも「冷やす」働きをする。この2つの家電製品は、本質的には「熱を移動させる」機器である。エアコンを冷房で運転するとき、室内機から冷風が出ているのに対して、室外機からは熱風が出ている。室内の熱を室外へ移動させている。熱は暑いところから冷たいところへ移動するが、それに逆らって冷たい室内から暑い室外へ熱を汲み上げている。このしくみを「ヒートポンプ」という。冷蔵庫も同様である。庫内の熱を庫外へ移動させている。

　暖めるのは簡単だが、冷やすのは難しい。何かを燃焼させるなど、熱を発生させることは容易である。一方、熱した金属に水をかければ冷えるが、それは水の温度が金属よりも低いからである。冷房したいとき、室温より温度が低いものがあれば良いのだが、そんなものはない。ヒートポンプという仕組みの発明は画期的なことである。

　エアコンで冷房するしくみを図 4.1 に示す[1]。熱を運ぶ媒体を冷媒という。冷媒は沸点が低い媒体が選ばれる。現在、家庭用エアコンでは冷媒として R-32 が使われる。R-32 の沸点は −51.6 ℃である。ちなみに、水の沸点は 100 ℃である。図 4.2 に R-32 の圧力と温度による状態のグラフを示す[2]。

1　温度と圧力の値は冷媒 R-32 で 2.5 kW の機種の一般的な値（データ提供：ダイキン工業）
2　R-32 は 2022 年現在、家庭用エアコンの冷媒として用いられているポピュラーな冷媒である。以前は R-410a という冷媒が用いられていた。R-410a に比べると、R-32 は地球温暖化係数が約

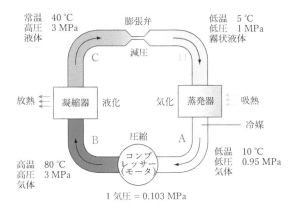

図 4.1　エアコンの冷房のしくみ

コンプレッサー（直訳すると圧縮機：モータの一種）は冷媒を圧縮する。気体を圧縮して体積が減少すると温度が上昇し、約 80 ℃になる。状態は図 4.2 の A → B に変化する。

次に凝縮器（室外機）を通る。夏の戸外は暑いと言っても 40 ℃以下である。圧縮された冷媒の温度は 80 ℃と高温であるから、ここで放熱し、常温になる。

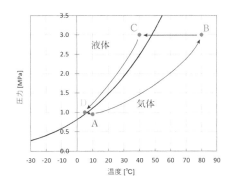

図 4.2　R-32 の状態図

温度が下がるので気体から液体に変化する。状態は B → C に変化する。

次に膨張弁を通ることで、減圧する。圧力が減って体積が増えると、温度が下がる。冷媒は霧状液体になって、低温になる[3]。状態は C → D に変化する。

次に蒸発器（室内機）で気化する。状態は D → A に変化する。気化するには気化熱が必要であり、回りから熱を吸収する。気化した冷媒はコンプレッサーに戻る。これを繰り返すことにより、熱を移動させるのがエアコンである。

1/3 である（コロナ 2022 空調総合カタログ p.25 より）。

3　スプレーによってスプレー缶の温度が下がるのも同じ原理による。

● 暖房にも使える

　エアコンは熱を移動させる機器なので、配管を切り替えることで、冷房（室内の熱を室外へ運ぶ）と暖房（室外の熱を室内へ運ぶ）の両方ができる。

　エアコンは 1 の電気エネルギーでモータを回し、1 以上の熱を移動させるという画期的な機器である。かつてはエアコンの効率を COP（Coefficient of Performance：成績係数）で表していた。COP の定義は以下の式である。

冷房時 COP =

（室内から取り除く熱エネルギーの量）÷（使用した電気エネルギーの量）

暖房時 COP =

（室内に加える熱エネルギーの量）÷（使用した電気エネルギーの量）

　1 の電気エネルギーで 4 の熱エネルギーを移動させる場合、冷房なら COP = 4 となる。暖房の場合は圧縮されて熱くなった冷媒の熱も室内に放出されるので、COP = 5 となる。

　暖房の効率について考える。1 kW の電気ストーブが 1 秒間に発生する熱は 1 kJ である。一方で、1 kW, COP = 5 のエアコンは、1 秒間に 1 kJ のエネルギーでモータを回し、4 kJ の熱を室外から室内に移動させ、圧縮して高温になった冷媒の放熱で 1 kJ を得て、合計 5 kJ の熱を室内に加える。

　電気ストーブよりエアコンの方が圧倒的に効率が良い。冬の外気温は 0 ℃であっても、絶対温度で考えると 273 K であり、熱をたくさん含んでいる。ただし、COP はいつでも同じ値ではなく、外気温によってかなり変動する。冷房の場合は外気温が高いほど COP が落ちる。暖房の場合は外気温が低いほど COP が落ちる。

　外気温と COP の関係の例を図 4.3 に示す[4]。暖房時、外気温が 7 ℃のとき COP = 5 であるが、0 ℃のとき COP = 2.5 に減少している。わずか 7 ℃の差であるが、COP は大幅に減少する。冷房時は、外気温が 30 ℃のとき COP = 5.5 であるが、38 ℃のとき COP = 3.5 程度に低下する。

　2022 年の時点でエアコンのカタログは COP ではなく「通年エネルギー消

4　出　典　https://ec.daikinaircon.com/ecatalog/CP06785AXX/images/CP06785AXX007.pdf　ダイキン　オフィスエアコンスカイエア総合カタログ 2006。このカタログは 2006 年のものであり、業務用の製品である。2022 年の時点では性能が向上している可能性が高いが、図 4.3 に対応するものを見つけられなかったので、ここでは図 4.3 を用いる。　アクセス 2019.9.28　2022.9.23

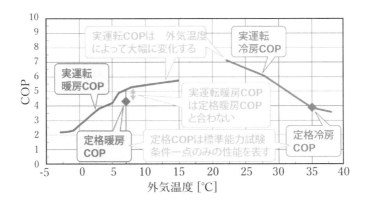

図 4.3 外気温度と COP の関係

費効率（APF）」が記載されている。APF は COP の平均値であり、「1 年間で必要な冷暖房能力の総和÷1 年間の消費電力量」を以下の条件で計算したものである[5]。

- 外気温度：東京をモデルとする
- 設定室内温度：冷房時27 ℃／暖房時20 ℃
- 使用期間：冷房 5月23日〜10月4日／暖房 11月8日〜4月16日
- 使用時間：6:00〜24:00の18時間
- 住宅　　：JIS C 9612による平均的な木造住宅（南向き）
- 部屋　　：機種に見合った広さの部屋　例えば冷房能力2.5 kWの機種なら8畳

● 寝室のエアコン選び

　ここでは筆者が寝室のエアコンを選ぶときの基準を述べる。以下の2点に着目する。

- どこまで風量を落とせるか？ …… 強い風はのどを痛めるので、就寝時のエアコンは、可能な限り風が弱いことが望ましい。
- 温度設定の間隔 …… 設定温度1 ℃の差は意外と大きい。冷房の温度設定において、26 ℃では寒くて27 ℃では暑いということがある。設定温度は0.5 ℃刻みで設定できることが望ましい。

5　コロナ 2022 空調総合カタログ p.45 より引用

　少し古い話であるが、2011 年にエアコンを購入したとき、上記の 2 点に着目して機種選定を行った。上記の項目のうち、風量についてはエアコン売り場の店員に聞いても分からなかった。家電メーカーの Web サイトに PDF 形式の取扱説明書があるので、候補となる機種について、風量が何段階で設定できるかを取説を見ることで調べた。設定温度の細かさについても取説に書いてある。その結果、設定温度を 0.5 ℃刻みで設定できるのは 2 社だけであり、そのうち 1 社（T 社）は風量を 6 段階で設定でき、もう 1 社は 5 段階であった。というわけで T 社一択であった。その機種を購入したところ、予想通り大変満足のいく製品であった。

● インバータ

　現在のエアコンはほぼ全てがインバータエアコンである。インバータについて説明する。invert は「逆にする」という意味を持つ動詞である。inverter は「逆にする装置」を意味する。「逆にする」とは「直流を交流に変換する」ことを意味する。

　コンセントに来ている交流は 50 Hz または 60 Hz である。図 4.4 のように、

交流（50 Hz / 60 Hz）　　　　直流　　　　　　　交流（任意の周波数）

図 4.4　インバータの役目

交流をいったん直流に直し、インバータを用いて任意の周波数の交流に変換する。「交流→直流」の変換は簡単な回路で実現可能であり、損失も少ない。これを順方向と考える。一方、「直流→交流」の変換は容易ではない。「エネルギーを貯える素子」と「スイッチング素子とそれを制御する回路」を組み合わせる必要があり、変換に伴う損失もある程度発生する。

　周波数を変換することで、以下のことが実現可能となる。

　　　・ モータの回転数を変える …… 交流誘導モータ、交流同期モータの回転数
　　　　は周波数に比例する。回転数を変化させるにはインバータが必要である。

エアコン、電車、電気自動車などに利用される。インバータなしのエアコンは、「室温が暖まるとon」「ある程度冷えるとoff」という動作を繰り返して室温を調節するので、室温がある程度変動することが不可避であり、快適とはいえない。それに対して、インバータエアコンは出力が可変なので、適切な出力で連続運転することで、室温を一定に保つことができる。かつての電車は直流モータを積んでおり、抵抗を変化させることでモータの回転数を変えていた。抵抗において損失が発生する。今の電車はインバータでモータの回転数を変えるので、損失が少ない。電気自動車はリチウムイオンバッテリーの直流電圧をインバータで交流電圧に変換してモータを駆動する。モータをインバータで駆動する家電製品としては、エアコン以外に洗濯機、冷蔵庫などがある。

- IHクッキングヒーター …… IH調理器では高周波磁界を作る必要がある。そのためにインバータが必要である。

- 蛍光灯のちらつき防止 …… 蛍光灯の明るさは、周波数が60 Hzのとき、1分間に120回明るくなったり暗くなったりを繰り返している。人間の目にちらつきとして感じられる。インバータを用いて周波数を上げることで、ちらつきをなくす。また高効率となり、同じ電力で明るくなる。

● 冷蔵庫

冷蔵庫の原理はエアコンと同じである。庫内の温度の目安は以下の通りである。

野菜室　5 ℃　　冷蔵室　　3 ℃

チルド室　0 ℃　　冷凍室　−20 ℃

水は0 ℃で凍るので、冷凍室の温度は「0 ℃より少し低い温度」と思った人もいるかも知れないが、実際は −20 ℃である。筆者の自宅の冷蔵庫が故障したとき、冷凍室が−4 ℃程度になった。0 ℃より低いと凍った状態が維持できそうに思えるが、冷凍した果実や野菜などが、柔らかい状態になり、カチカチの状態は維持できなかった。チルド室は食品を凍る直前の状態でキープする部屋であり、鮮度が長持ちする。野菜室は野菜が乾燥しにくいよう工夫された部屋である（密閉度を高くして湿度を保つ、冷気が直接当たらないようにするなど：会社によって工夫点が異なるようだ）。

=4.2　洗濯機

　洗濯機はドラム式と縦型の 2 つのタイプがある。それぞれの長所と短所を表 4.1 にまとめる。

表 4.1　ドラム式洗濯機と縦型洗濯機の長所と短所

	長所	短所
ドラム式	・洗濯と乾燥が一度にできる ・衣類の痛みが少ない ・水量が少ない ・洗濯機の上に収納スペースがある	・同じ容量なら縦型よりも大きくなる ・いったん洗濯が始まると、水が入っているため、途中から衣類を追加投入できない ・ふたが前に開くスペースがない場合は使えない ・洗濯物を取り出すのにかがまないといけないので、取り出しにくい（洗濯機の前にカゴを置いて落とすように取り出すことができるので、取り出しやすいと言う人もいる） ・洗濯にかかる時間が長い ・水量が少ないため色移りしやすい ・高価 ・機種によっては、子どもが閉じ込められて死亡する事故が起こりうる
縦型	・洗濯機の手前に扉用のスペースを確保する必要がない ・比較的安価	・乾燥機能が付いていても、仕上がり時の衣類に非常に多くのしわが発生する。風のみによる乾燥機能の場合、衣類を完全に乾かすことができない。 ・水量が多い ・背が低い人にとっては出し入れがしづらい（底の方の洗濯物は手が届きにくい）

　洗剤の使用量は、標準使用量より増やしても洗浄力はほとんど上がらない。標準使用量の半分までは減らしても洗浄力はほとんど落ちない[6]。汚れがひどくないときは半分でも十分である。

　洗濯時の水温は 40 ℃前後が適温である。

=4.3　掃除機

● 電源による分類

　100 V のコンセントに差して使うコード付きの掃除機と、バッテリーで駆動するコードレス掃除機がある。それぞれメリット・デメリットがあり、優

6　出典　「高等学校教科書　家庭基礎」実教出版（H24 検定）p.136

劣は付けられない。特徴を表 4.2 に示す。

表 4.2 コードあり掃除機とコードレス掃除機の比較

	コードあり	コードレス
長所	・パワフル（消費電力は 1000 W 程度）	・掃除に対する敷居が低い。すぐに掃除が始められる ・ハンディ掃除機としても使える。階段の掃除が楽 ・軽いので、高いところやベッドの下なども掃除しやすい
短所	・コンセントに接続しないと使えないので、使うための敷居が高い ・コードが届かないところは掃除できない。階段などは掃除しづらい	・パワーが弱い（消費電力は最大で 200 W 程度）。紙パック式はゴミがたまって吸引力が弱まると、その影響が大きい ・バッテリーが切れると使えない。通常の使用では 20 分以下。充電に時間がかかる。バッテリーを交換可能な機種もある

　コードレス掃除機のパワーと掃除可能時間について考察する。例として筆者が所有するマキタの CL282FD という充電式掃除機を取り上げる。バッテリーの容量は 18 V, 3 Ah であるから、バッテリーに蓄えられるエネルギーは 18 V × 3 Ah = 54 Wh である。

　連続使用可能時間は標準で 50 分（0.83 h）, 強で 20 分（0.33 h）, パワフルで 15 分（0.25 h）である。消費電力を P [W], 連続使用時間を m [分] とするなら、

$$P \text{ [W]} \times m/60 \text{ [h]} = 54 \text{ Wh}$$

である。この式にあてはめると、標準は 65 W, 強は 162 W, パワフルは 216 W である。コード付き掃除機の消費電力が 1000 W 程度であることを考えると、パワーは非常に弱い。「標準」の 65 W では吸引力が弱いため、実用上は「強」で使うことが多い。「強」でもコード付きに比べると吸引力は弱いため、ホコリは吸い取るが、重量がある固形物は吸い込みが悪い。

　「強」で使うと 20 分しかもたないが、小まめに on/off して使うと「電池切れにより掃除が途中で中断してしまう」という事態にはなりにくい。また、この機種はバッテリーを着脱できるので、予備のバッテリーを用意しておき、バッテリーを取り替えることができる。

コードレス掃除機には図 4.7 (a) の
タイプのものと同図 (b) のタイプの
ものがある。手にかかる重量は同図
(b) の方が小さいが、ヘッドの移動は
同図 (a) のタイプの方が先端が軽い
ので楽である。

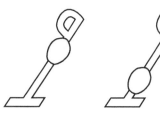

(a) モータが手元
にあるタイプ　　(b) モータが先端付近
にあるタイプ

図 4.5　コードレス掃除機

図 4.7(a) の掃除機は先端が軽いた
め、ヘッドを色々な場所に差し込ん
で掃除をするときや、ベッドの下な
ど上下幅が狭い場所での掃除に便利である。後述するロボット掃除機と組み
合わせて使う場合は、ロボットが入れない様々な場所にヘッドを差し込んで
掃除をするので、図 4.7 (a) のタイプが適切である。

図 4.7 (a) のタイプの製品はバッテリーを取り外し可能な製品がある。予
備のバッテリーを 1 つ用意しておけば、持続時間を気にせずに掃除をするこ
とができる。ただし、予備のバッテリーを持たない場合、掃除が終わるたび
に取り外して充電する必要があるので、充電を忘れる可能性がある。バッテ
リーが取り外し不可能な製品は、掃除が終わった後、充電スタンドに立てか
けるので、充電し忘れが起こりにくい。

コードレス掃除機とコードあり掃除機は競合するものではなく、適材適所
で使うものである。

ヘッドは以下の 3 種類がある。

　　　(a) 回転ブラシがモータで回転する（パワーブラシ）
　　　(b) 回転ブラシが空気の力で回転する（タービンブラシ）
　　　(c) 何も入ってない。

ヘッドの重さは (a) > (b) > (c) だから、操作性は (c) が一番よい。 つ
るつるした床の上を掃除する場合は大きな差はないと考えられるが、絨毯の
間のゴミを取る能力や重量がある固形物の吸い込みは (a) > (b) > (c) であ
る。

● ゴミの捨て方による分類

ごみの捨て方で掃除機を分類すると、紙パック式とサイクロン式の 2 つに

分かれる。それぞれの方式の長所・短所を表 4.3 に示す。

表 4.3　紙パック式とサイクロン式の比較

	紙パック式	サイクロン式
長所	・ごみ捨てが容易	・吸引力が衰えない ・消耗品を購入不要 ・ゴミが見える。誤って吸引したときの取り出しが容易
短所	・ゴミがたまると吸引力が弱まる ・紙パックを買うのが面倒であり、費用もかかる ・嫌なにおいがする物を吸い込むと、排気に悪臭が混じる。解消するには紙パックの交換が必要	・ゴミ捨て時に埃が舞う・ゴミが落ちる・手が汚れる ・ゴミを貯める容器のメンテナンスが必要である

　紙パック式とサイクロン式は、それぞれがメリット・デメリットがあり、どちらかが圧倒的に優れているとは言えない。

　コード付き掃除機は非常に強い吸引力を持つので、紙パック式でゴミがたまって多少吸引力が落ちても、なお十分な吸引力を持っているが、コードレス掃除機は吸引力が弱いので、ゴミがたまって吸引力が落ちるデメリットは、コードありの掃除機よりも深刻である。

● ロボット掃除機

　ルンバに代表されるロボット掃除機が登場したのは 2002 年のことである。ロボット掃除機は進化を続け、2019 年に発売されたルンバ i7+ は、以下に示す高い機能を持つ。

- カメラを搭載し、画像処理を行うことにより自己の位置を認識する
- 部屋の地図を作成し、次回の掃除に生かすので、学習により掃除の能率が上がる。

　ロボット掃除機を使うには、床の上をあらかじめ片付けておく必要がある。またロボットに適さない部屋もある。しかし、ロボット掃除機が使える環境であれば、大変便利なものである。

　ルンバの消費電力について考える。ルンバ i7 は最大 75 分（1.25 h）の掃除が可能であり、純正バッテリーの容量は 14.4 V × 1.8 Ah = 26 Wh である。消費電力は 26 Wh ÷ 1.25 h = 21 W である。コードレス掃除機より遙

かに非力である。しかし、筆者が使ってみたところ、フローリングの床や普通の絨毯であれば、十分に綺麗にしてくれる。

新しく登場した家電製品であり、安価とは言えないので、導入に躊躇する人が多いかも知れないが、価格に見合う価値はある。

ロボット掃除機で全ての床面をカバーするのは不可能であり、ロボットがカバーできない箇所は人間が掃除する必要がある。コードレス掃除機と組み合わせるのが最適である。

4.4　電子レンジ

電子レンジは不思議な電気機器である。電子レンジで食品を加熱すると、容器は暖まらずに、中の食品だけが加熱される。そのしくみは以下の通りである。電子レンジの心臓部はマグネトロンと呼ばれる一種の真空管で、マイクロ波[7]と呼ばれる電磁波を発生させる。そのマイクロ波が食品中の水分子に吸収され、マイクロ波のエネルギーが水の熱エネルギーに変わる[8]。電子レンジは食品中の水分子を加熱するので、加熱物は水分を含んでいることが必要である。

電子レンジが発生させるマイクロ波の周波数は 2.54 GHz であり、この帯域の電波は免許なしでも使える。携帯電話や Wi-Fi にも使用されている。

電子レンジの効率は筆者が測定したところ 50 ％～ 60 ％ 程度である[9]。消費電力の半分程度が食品を温めるのに使われる。

電子レンジでやってはいけないことを列挙する。

- レンジ対応でない食器を使う（溶けたり燃え上がったりする）
- 金属を入れる（火花が飛び、火事の原因となる）

7　周波数が 300 MHz ～ 300 GHz（波長で表すと 1 m ～ 1 mm）の範囲の電磁波をマイクロ波という。光速が 3×10^8 m/s であることを知っていると、「光速÷周波数」で波長が得られる。

8　電子レンジが水を温めるしくみは難解である。論文 "Microwave heating of water, ice, and saline solution: Molecular dynamics study", Motohiko Tanaka, and Motoyasu Sato, The Journal of Chemical Physics, 126, 034509 (2007) によると、「マイクロ波のエネルギー」は約 2/3 が「水の運動エネルギー」に変換され、約 1/3 が「分子間エネルギー」に変換される。最終的にはどちらも水の加熱に使われる。この論文の存在を含めて中部大学の樫村京一郎先生から電子レンジの加熱のしくみについて色々と教えてもらった。

9　次の 3 機種について測定した。Panasonic　NE-EH228（2016 年製）：52 ％、東芝　ER-VX2 (1992 年製）：50 ％、大宇電子ジャパン (1999 年製)：60 ％

- 庫内に水がない状態で運転する（空焚き）（マイクロ波を吸収するものがないので、庫内の壁で反射したマイクロ波がマグネトロンの場所まで戻ってきて、マグネトロンが損傷する）
- 卵など殻や膜のある食品を加熱する（内部で発生した水蒸気の逃げ場がないため、破裂し、危険である。水は気体になると体積が約1700倍になる。英国で電子レンジで加熱した卵を取り出そうとした瞬間に卵が爆発し、顔の左半分に火傷を負い、左目を失明したという事例がある[10]）。同様に密閉した容器に食品を入れて温めるのもダメである。

電子レンジでは「突沸」という現象が起こることがある。突沸は液体を温め、それに刺激を加える（調味料を加える、振動を与える）ことで突然沸騰する現象である。電子レンジで温めたコーヒーに砂糖を入れると、激しく泡立つ現象を経験した人は多いと思う。水は気体になると、体積が約1700倍になるので、爆発するように吹きこぼれ、火傷を負うことがあり、危険である。

電子レンジにはターンテーブルがない機種とある機種がある。2000年頃の「ターンテーブルなしの機種」は温めむらが発生するという問題があった。2019年の時点で、ターンテーブルなしの電子レンジを所有する学生に聞いたところ、全員が温めむらは気にならないと答えた。現在はターンテーブルなしの機種の温めむらは、気にならないレベルのようである。ターンテーブルなしの機種のメリットは以下の通りである。

- 四角形の物体（例：コンビニ弁当）の場合、より大きなものを扱える
- 庫内のメンテナンスが容易

ターンテーブルありの機種は、庫内に「温まるポイント」と「そうでないポイント」が存在する。光の速さが 3×10^8 m/s、周波数が 2.54 GHz だから 波長は

$$3 \times 10^8 \text{ m/s} \div (2.54 \times 10^9 \text{ Hz}) = 0.12 \text{ m}$$

である。定在波の節と腹の間隔は 1/4 波長だから、波長 12 cm なので、暖かいポイントと冷たいポイントの間隔は 3 cm である。

---

10 出典 https://www.excite.co.jp/news/article/Real_Live_48182/ アクセス 2021.10.18
2022.9.23 「英国 電子レンジ 卵 爆発 失明」で検索する該当記事が見つかる。

=4.5　IH調理器

　IH (Induction Heating：誘導加熱) 調理器はガスレンジとは全く異なる原理で鍋を加熱する調理器具である。ガスコンロの場合、燃焼エネルギーのうち、3割〜5割程度が鍋と中のものを暖めるのに使われ、1割は燃焼時に生成される水を水蒸気にするのに使われ、残りは室内に放出される[11]。それに対して、IH調理器は鍋に渦電流を発生させて、鍋自体を発熱させる。消費電力のうち8〜9割程度[12] が鍋と中の物を加熱するのに使われるため、圧倒的に効率がよい。また室内へ逃げる熱も少ない。

　その原理を説明する。1.16節で学習したファラデーの電磁誘導の法則によると、コイルに鎖交する磁束を変化させると、その変化を打ち消すように電流が流れる。同じ原理に基づき、図4.6 (a) のように導体板に磁石を近づけると磁界の変化を打ち消すように渦電流が流れる。同図 (b) はIH調理器を上から見た図である。矢印の向きに電流を流すと点線で示した磁束が発生する。鍋を乗せたときの断面図が同図 (c) である。コイルを流れる電流を変化させて磁束を変化させると、鉄鍋の底に渦電流が発生する。渦電流が流れると、鉄は小さな値ではあるが抵抗を持つので、

$$P = I^2 R$$

のジュール熱が発生する。このジュール熱で鍋を温める。IH調理器は、コイルに高周波電流（20 kHz 〜 90 kHz）[13] を流し、その電流の変化によって磁束の変化を作り出す。

　使える鍋としては、底が平らな鉄鍋が必要である。鉄は磁気をよく通す（磁気抵抗が低い＝比透磁率が大きい）。そして磁束は磁気抵抗が低いところを通るため、鍋底に大きな磁束が得られ、渦電流も大きくなる。鍋底が平らでない場合、鍋底を磁束が通らなくなるため、使えない。磁性を持たないアルミ鍋や銅鍋にも対応したオールメタル対応の製品もあるが、効率が落ち、出

11　ガスコンロの効率については3.3節の末尾の「ガスコンロの捉え方」で詳しく記述した。

12　VERSOS VS-IH14 という 1400 W の機種で実験したところ 8 割程度であった。パナソニックのサイトにはビルトイン IH の熱効率が約 90 ％と書いてあるので、8 〜 9 割程度とした。パナソニックのサイト　https://jpn.faq.panasonic.com/app/answers/detail/a_id/84259/~/【ビルトイン ih】　アクセス 2022.9.25　2022.12.17

13　出典　https://www.jeic-emf.jp/ih-oven.html　電磁界情報センター　アクセス 2023.2.24

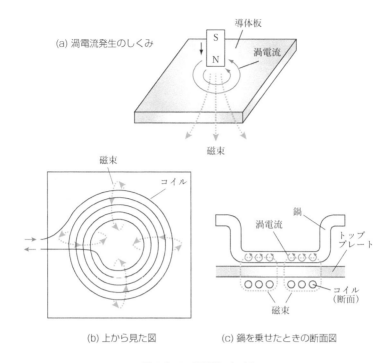

(a) 渦電流発生のしくみ

導体板

S
N

渦電流

磁束

磁束

コイル

鍋

渦電流

トップ
プレート

コイル
（断面）

磁束

(b) 上から見た図　　　　(c) 鍋を乗せたときの断面図

図 4.6　IH 調理器のしくみ

力が 2 割程度落ちる。

　ガスコンロのエネルギー効率が 3 割～5 割程度なのに対して、IH 調理器のエネルギー効率は 8 割以上ある。ガスコンロの出力は 3 kW 程度、IH コ

表 4.4　IH 調理器のメリット・デメリット

メリット	デメリット
・火力が強力 ・温度設定できる ・タイマーが設定できる ・安全（火を使わないので火事が起こりにくい。やけどしにくい、長時間使うと自動消火する） ・ガス漏れ、CO_2, CO が発生しないので、換気不要 ・コンロ周りの掃除が容易（平らで拭きやすい） ・周囲に逃げる熱が少ないので夏に調理するときに暑くない	・火力が把握しにくい ・対応する鍋が限られている（鉄以外の鍋は使えないか使いにくい。フライパンは IH 対応のものしか使えない。底が丸い中華鍋は使えない） ・チャーハンなど鍋を持ち上げる料理は作れない。鍋を傾けて使えない（揚げ物で油が少なくなったとき傾けて使いたい）。

ンロの出力も 3 kW 程度なので、IH コンロの方が 2 倍強力である。

IH 調理器のメリット・デメリットを表 4.4 にまとめた。ただし、タイマー機能と温度調節機能を持つガスコンロも販売されている。

=4.6　換気扇

換気扇の性能は風量（m^3/h）で示される。製品によってばらつきがあるが、表 4.5 にだいたいの目安を示す[14]。

表 4.5　換気扇のサイズと風量の目安

羽のサイズ	消費電力	風量
20 cm	20 W	600 m^3/h
25 cm	25 W	900 m^3/h
30 cm	35 W	1200 m^3/h

本節では風量と同じ換気量が得られることを仮定する（実際の換気量はドアや窓の開閉状況、すきまや給気口の大きさなどの影響を受ける）。

部屋の体積が V [m^3]、風量が a [m^3/h] とすると、3.5 節で学習した換気回数 v は次式で得られる。

$$v = a \, / \, V$$

換気計算

次のような状況を考える。教室に学生が 30 人いて、容積は

$$7 \text{ m} \times 9 \text{ m} \times 3 \text{ m} = 189 \text{ m}^3$$

である。600 m^3/h の換気扇が 2 台ある。1 人が 1 時間に 20 L の CO_2 を排出すると仮定すると、教室の CO_2 濃度の定常値は何 ppm になるか。外気温との差が 15 ℃のとき、換気扇をつけることによって必要となる追加の暖房能力は何 kW か。

答え

換気扇が 2 個あるので換気回数は、

$$600 \times 2 \div 189 \fallingdotseq 6.3$$

である。単純計算では部屋の空気は 1 時間に約 6 回入れ替わる。

14　三菱電機のスタンダードタイプ（居間用・店舗用）の EX-20SH9, EX-25HS9, EX-30SH9 のカタログデータを参考にした。消費電力、風量は 50 Hz の場合と 60 Hz の場合とで少し異なる。この表は 60 Hz の場合の値に基づいて作成した。50 Hz の場合、消費電力は少し小さくなる。風量はほぼ同じである。また、製品によっては同じ羽のサイズでも風量が表 4.5 の 3/4 程度の製品もある。

1 時間あたりの CO_2 の排出量は

$$20 \text{ L/人} \times 30 \text{ 人} = 600 \text{ L}$$

である。定常状態における CO_2 の増加量は

$$600 \text{ L}/6.3 \fallingdotseq 95.2 \text{ L}$$

である。部屋の容積は 189×10^3 L（$1 \text{ m}^3 = 1000$ L）なので濃度に直すと

$$95.2 \text{ L} \div (189 \times 10^3 \text{ L}) \times 10^6 = 504 \text{ ppm}$$

である。

部屋の広さが 2 倍になると、換気回数は 1/2 になる。定常状態における CO_2 の量は「1 時間の CO_2 の排出量÷換気回数」だから、2 倍になる。一方で CO_2 濃度を計算するときの分母（部屋の容積）は 2 倍になるので、結果として CO_2 濃度は変わらない。ただし、定常状態に達するまでの時間は 2 倍になる。

定常状態における CO_2 の濃度は部屋の広さには関係なく、換気量によって決まる。

次に追加で必要となる暖房能力について計算する。1 時間に $600 \text{ m}^3 \times 2 = 1200 \text{ m}^3$ の空気が入れ替わるから、1 秒あたりに直すと

$$1200 \text{ m}^3 \div 3600 = 0.33 \text{ m}^3$$

である。外気温と室温の差が 15 ℃ なので、1 秒間に 0.33 m^3 の空気を 15 ℃ 暖める必要がある。空気の比重は 1.2 kg/m^3 だから、空気の重さは

$$0.33 \text{ m}^3 \times 1.2 \text{ kg/m}^3 = 0.396 \text{ kg} \fallingdotseq 400 \text{ g}$$

である。空気の比熱は 1 J/g℃ であるから、400 g の空気を 15 ℃ 暖めるのに必要なエネルギーは

$$400 \text{ g} \times 1 \text{ J/g℃} \times 15℃ = 6000 \text{ J} = 6 \text{ kJ}$$

である。1 秒間に 6 kJ の熱量が必要ということは、6 kW の暖房能力が追加で必要である。換気は暖房に大きな負荷を与える。

この計算は断熱状態の部屋での計算であり、窓から逃げる熱、すきま風などを考慮すると、それ以上の暖房能力が必要である。

上記の計算は冷房についても同じである。冷房時における室温と外気温の差を用いて計算すればよい。

以上の計算は換気扇による熱の移動のため、追加で必要となる冷暖房能力

の計算である。冷暖房の負荷計算はそれ以外にも様々な要素を考慮する必要がある。その一つに人間が発する熱がある。人間 1 人は約 100 W の熱を発する[15]。人が 30 人居ると、それによって 3000 W の発熱がある。暖房の場合は熱を加算する方向に働く。冷房の場合は人間が発する熱も外に汲み出す必要がある。

　換気は冷暖房能力に大きな負荷を与える。それを緩和する方法として、熱交換型の換気扇がある。普通の換気扇（排気形）は空気と共に室内の熱も移動させてしまう。熱交換型の換気扇は、室内の空気を室外へ移動させると同時に、室外の空気を室内へ移動させる。その際に、2 つの空気を熱交換器で交差させ、熱の移動を行う。熱交換器において、暖房時は室外から入ってくる空気を暖め、冷房時は室外から入ってくる空気を冷やす。熱の回収率は約 5 〜 8 割[16] である。5 割のとき冷暖房の負荷は 1/2 になり、7 割 5 分のとき冷暖房の負荷は 1/4 になる。ロスナイは三菱電機の商品名だが、熱交換型換気扇（正式名称は全熱交換器）をロスナイと呼ぶことが多い。

=4.7　オール電化について

　オール電化の家はガス管がきていない。ガスの主な用途は給湯、暖房、炊事である。炊事は IH 調理器の節で扱ったので、給湯と暖房について考察する。

● 給湯

　電気の最大出力は 100 V を用いるとき 1.5 kW, 200 V を用いるとき 6 kW であった。それに比べてガス給湯器は 24 号の機種で 44.2 kW と大変強力である。1 章で学習したように、真冬にシャワーを使うには約 40 kW のエネルギーが必要である。オール電化の家では深夜電力を使って、夜のうちに 65℃ 〜 90℃ のお湯を大量（例えば 400 L）に貯めておくことで対処する。貯めたお湯がなくなると、給湯はできなくなる。

15　「冷凍・空調の基本が分かる本」関上邦衛　オーム社（2014）p.182　28 ℃のとき、静座の状態で約 100 W, 事務所業務で約 120 W とある。

16　出典　https://www.mitsubishielectric.co.jp/ldg/ja/air/products/ventilationfan/about/detail_03.html　三菱電機　ロスナイのサイト　アクセス 2022.9.24

● 暖房

エアコンはガスファンヒータに比べるとエネルギー効率が良い。しかし、「暖かさ」の体感において、エアコンはガスファンヒータに劣る。エアコンの吹き出し温度は 45 〜 50 ℃程度で、上から吹き降ろす形になる(機種によっては 60 ℃の温風が吹き出す製品もある)。それに対してガスファンヒータは下から約 100 ℃の温風が吹き出す[17]。冬の暖房は足もとが暖かいか否かが体感に大きく影響するので、ガスファンヒータの方が暖かく感じられる。また、エアコンはスイッチ on のあと一定時間蓄熱するので最初は温風が出てこないのに対して、ガスファンヒータは即座に温風が吹き出す。

オール電化の家は電気のみがエネルギー源である。それに対して、オール電化でない家は、電気とガスの 2 系統のエネルギー源を持つ。ただし、電気が来ないと、ガスファンヒータ、給湯器などは使えず、電気なしで使えるのはガスレンジのみである。ガスレンジをストーブの代わりとして暖房することが可能である（不完全燃焼による一酸化炭素中毒に注意！）。ただし、送電線よりガス管の方が脆弱であると思われるので、地震などの災害で電気が使えないときはガスも使えない可能性が高い。

電気とガスはそれぞれ長所短所があり、相補いあうものなので、筆者は一戸建てを新築するときはガス管を引いておくことをお勧めする。

太陽光発電、風力発電、水力発電は再生可能エネルギーであるのに対して、ガスは 2022 年の時点では化石燃料であり再生可能でない。地球温暖化を防止するため、少しでも二酸化炭素の排出を抑えるのなら、ガスは使うべきではない。しかし、水素と二酸化炭素からメタンを合成するメタネーション技術が研究されている。太陽光で発電して、水を電気分解して水素を作るなら、水素は再生可能エネルギーであり、ガス（メタン）も再生可能エネルギーとなる。したがって、将来ガスは再生可能エネルギーとなるかもしれない。

---

17 温度が高いことに驚いた読者が多いかも知れない。筆者が 50 ℃までしか測れない普通のアルコール温度計で測定したところ、みるみる温度が上がってゆき、アルコールが入っている部分が破裂した。測定には料理用の温度計が必要である。サウナ風呂の温度は 100 ℃もありうるので、100 ℃の空気は驚くものではない。

照明

　照明は日々の生活で常に使うものであり、快適な生活には快適な照明が必要である。本章では照明のしくみ、考え方について学ぶ。

=5.1　光の基礎知識

● 光と人間の視覚

　人間の目に見える光、すなわち可視光は波長 380 nm 〜 780 nm の電磁波である。照明器具はこの波長帯の光を出す必要がある。

　太陽光をプリズムに通すと、赤、橙、黄、黄緑、緑、青緑、青、群青、紫などに分光する。赤→紫の順番は、波長が長い順である。太陽の白色光は全ての波長の光を含んでいる。可視光の色と波長の関係を図5.1に示す[1]。

　人間の網膜には「赤色光に反応する細胞」「緑色光に反応する細胞」「青色光に反応する細胞」の3種類の細胞がある[2]。3種類の細胞の光に対す

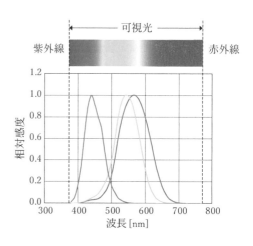

図5.1　可視光のスペクトルと視細胞の感度

1　「色覚のメカニズム」内川惠二（1998）の p.44 の表 3.1 (Smith and Pokorny、1975) の数値をグラフ化した。色帯は筆者が資料を参考に作成したものであり、色と波長の対応は正確でない。

2　正確には以下のようになる。人間の網膜の細胞は大きく 2 つに分けられる。1 つは桿体と呼ばれ、暗い場所で働き、色は感じない。もう一つは錐体と呼ばれ、明るい場所で働き、色を感じる。錐体は 3 種類あり、図 5.1 で示すような感度特性を持つ。ここでの説明は桿体を無視しているので、やや不正確な説明となっている。錐体に関して、遺伝子のタイプによって「ある色を感じる錐体が欠損」あるいは「ある色を感じる錐体の感度曲線が図 5.1 とは異なりずれている」

る感度を図5.1に示す。説明の便宜上「赤色光に反応する細胞」と「緑色光に反応する細胞」と記載したが、両細胞の感度曲線はかなり重なっている。

光が物体に当たり、反射するとき、全ての波長の光を反射するなら、その物体は白色である。全ての波長の光を吸収するなら、その物体は黒色である。赤色の物体は赤色光のみを反射する。人間は3種類の細胞からの出力の「比率」を「色」として感じている。物体が色鮮やかに見えるためには、照明光の中に赤、緑、青の三色が十分に含まれている必要がある。色の三原色が「赤」「緑」「青」なのは、人間が3種類の視細胞を持っていることに起因する。

照明器具を発明された順番に並べると「白熱電球」「蛍光灯」「LED (Light Emitting Diode: 発光ダイオード)」となる。それぞれ全く異なった発光原理を持ち、そのスペクトルは大幅に異なる。2022年の時点で新規に照明器具を購入する場合、LED以外の選択肢はない。しかし、白熱電球や蛍光灯を使用する照明器具はまだ広く使われているので、本章では3種類の照明器具について、発光原理、スペクトル、長所短所について学習する。

あかりについては非常に優れた教科書がWeb上にある。パナソニックの「ランプカタログ (蛍光灯・電球・ハロゲン電球・高輝度放電灯) 2022-2023」というカタログの末尾に収録されている「あかりの百科事典」である。「光とは」「色温度」「演色性」をはじめとして非常に詳しい技術的解説が約25ページにわたって掲載されている。東芝ライテックも2018年まではカタログの末尾に「やさしいあかりの基礎知識」という章があった。パナソニック、東芝ともに2019年からカタログが「LED」と「それ以外」の2つに分かれた。

本章で提示する多くの図はWebで公開されているパナソニックのカタログに基づいている。白熱電球と蛍光灯は年度が変わってもデータに変化がないので、2018年以前のカタログのデータを引用する。

● 黒体放射

黒体放射の理論によると、物質の種類に関係なく、物体は温度によって決まる固有の発光スペクトルを持つ(波長に対する光の強度のグラフをスペク

という人がおり、色覚多様性と呼ぶ。かつては欠損している場合を色盲、感度曲線がずれている場合を色弱と呼んだ。日本人の場合、男性は20人に1人、女性は500人に1人の割合で、色覚多様性の人がいる。

トルという）。いくつかの温度の黒体[3]の発光スペクトルを図 5.2 に示す[4]。この図は最大値を 1 に規格化している。可視光の波長である 380 nm ～ 780 nm を薄い緑色で示した。

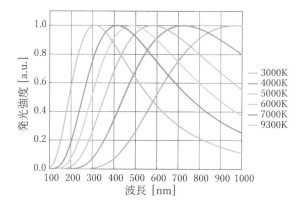

図 5.2　黒体の放射スペクトル

● 色温度

照明光の色合いを表す尺度として色温度がある[5]。その照明光と最も近い色に見える黒体の温度を色温度という。単位は絶対温度である K（ケルビン）を用いる。絶対温度 T [K] と摂氏温度 t [℃] の関係は

$$T\,[\mathrm{K}] = t\,[\mathrm{℃}] + 273$$

である。0 K ＝ −273℃、273 K ＝ 0 ℃、300 K ＝ 27 ℃の関係がある。5000 K のように大きな温度のとき、摂氏温度との差は 273 ℃なので、K と℃の差はあまり気にしなくてもよい。小学校で恒星について学習するとき、オリオン座のベテルギウスは表面温度が低いため（約 3000 K）赤く見え、リゲルは表面温度が高いため（約 11000 K）青白く見えると習った。温度と色の関係の学習はここから始まっている。

3　あらゆる波長の光を吸収し、あらゆる波長の光を放射する理想的な物体を黒体と呼ぶ。「あらゆる波長の光を吸収する」＝「反射は全くない」なので、黒く見える。ゆえに黒体と呼ぶ。実際の物体はわずかに反射をする。

4　このグラフはプランクの公式によって得られる。黒体から放射される電磁波の分光放射輝度は、周波数を ν、温度を T とすると、次式で表される。h はプランク定数（6.626×10^{-34}）、k はボルツマン定数（1.38×10^{-23}）、c は光速（3×10^{8}）を表す。

$$\frac{2hc^2}{\lambda^5}\frac{1}{e^{hc/\lambda kT}-1}$$

5　厳密には「色温度」と「相関色温度」の用語がある。「色温度」はその照明光と同じ色に見える黒体の温度であり、「相関色温度」はその照明光と最も近い色に見える黒体の温度である。蛍光灯や LED の光は黒体放射光と完全に同一ではないので、「相関色温度」が正しい用語である。しかし、慣用的に「色温度」が使われているので、本書でも色温度という言葉を使った。色温度、相関色温度などについては、以下のサイトに非常に詳しく分かりやすい説明がある。https://www.ccs-inc.co.jp/guide/column/light_color/vol33.html　光と色の話　第 1 部　第 33 回　アクセス 2019.9.28　2022.9.24

● 平均演色評価数（Ra）とは

　物体が色鮮やかに見えるためには、光源があらゆる波長の光を万遍なく含んでいることが必要である。例えば、高速道路やトンネルの照明として用いられるオレンジ色の低圧ナトリウムランプのスペクトルは、オレンジ色の単色光である。ナトリウムランプで照射すると、全ての物体はオレンジ色に見え、赤や緑などの色を感じることはできない。

　照明光の品質を表す尺度が平均演色評価数（Ra: average of Rendering index）である。平均演色評価数は、図5.3に示す8色[6]について「基準光で照射したとき」と「測定したい照明光で照射したとき」の色の見え方の差を数値で表したものである。100が一番良く、80以上あれば実用的に満足であるとされている。基準光は測定する光源の色温度に応じたものを用いる。5000 K以下の照明光については黒体放射光を用い、それ以上の照明光については、温度に対応したCIE昼色光を用いる[7]。

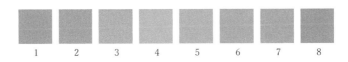

図5.3　平均演色評価数を評価するときの色

● 光束の単位

　照明器具から放射される光の量（光束）は lm という単位で表される。例えば60 W形の白熱電球から放射される光束は810 lmである。ルーメンで表される光の量は人間が感じる明るさであり、物理的に放射されるエネルギーの量とは異なる。たとえば、同じエネルギーであれば、赤色光より緑色光の方が人間には明るく感じられる。

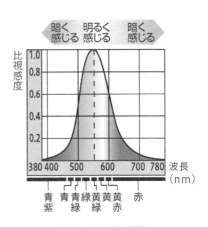

図5.4　視感度曲線

6　パナソニック　ランプカタログ(蛍光灯・電球・ハロゲン電球・高輝度放電灯) 2022-2023　p.114 より引用

7　JIS Z 8726-1990　光源の演色性評価方法

人間の目の光に対する感度を図5.4に示す[8]。「光源のスペクトル」と「視感度曲線」をかけ算したものを積分すると、光束（人間が感じる光の量）が得られる。面の明るさはlx（ルクス）という単位で表す。lx ＝ lm/m^{2}である。

照明器具の効率は1 Wの電力で何ルーメンの光束を発生させるかで表す。単位はlm/Wである。

≡5.2　白熱電球

● 発光原理とスペクトル

タングステンという金属に電流を流すと、発熱して2千数百度[9]になり、可視光を出す。これが白熱電球である。図5.2を見ると、3000 Kの場合、ピークは赤外域にあり、可視光に変換されるエネルギーの割合は少ない。白熱電球の発光スペクトルを図5.5に示す[10]。赤色光を多く含んでいる。

フィラメントにタングステンが使われているのは、融点が最も高い（3400 ℃）金属だからである。これ以上融点が高い金属はないので、物

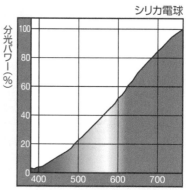

シリカ電球

＊エネルギーの最大値を100%として表示

図5.5　白熱電球のスペクトル

体を高温にして発光させる照明器具の場合、効率をこれ以上向上させることはできない。タングステンの抵抗率は、常温では銅の3倍程度、発光時は常温時の15倍程度（銅の45倍程度）である。

白熱電球は20 W形、40 W形、60 W形、100 W形などがある。60 W形の白熱電球の消費電力はだいたい60 Wである[11]。

8　パナソニック　ランプカタログ（蛍光灯・電球・ハロゲン電球・高輝度放電灯）2021-2022 p.113より引用

9　出典　パナソニック ランプカタログ（蛍光灯・電球・ハロゲン電球・高輝度放電灯）2021-2022 p.125。東芝LAMP総合カタログ2016-2017 p.259には2000度〜3000度と書いてある。

10　パナソニック ランプ総合カタログ2017　p.116　より引用

11　パナソニックは「100形」、オーム電機は「100 W形」と表記している。本書では後者を採用した。

● 数値データ

60 W 形の白熱電球の数値データを以下に示す[12]。

型番	消費電力	光束	効率	寿命	Ra
LW100V54W	54 W	810 lm	15 lm/W	1000 h	100

　白熱電球の寿命は、連続点灯したときに半数の電球が切れるまでの時間である。消費電力は 54 W であり、ほぼ 60 W である。効率は 15 lm/W であり、後述する蛍光灯や LED に比べると、極めて低い。後述する図 5.19 によると、消費電力のうち可視光に変わるのは 9 % である。寿命は 1000 h であり[13]、後述する蛍光灯や LED に比べると短い。

　平均演色評価数 (Ra) は 100 であり非常に良い。黒体放射を利用するため、バランスは赤に寄っているが、全ての波長の光を含んでいるからである。

　2022 年の時点で、後述する LED 電球の価格が、廉価なものでは白熱電球の 2 倍程度にまで下がってきたので、白熱電球の LED 電球への置き換えが進んでいる。筆者も白熱電球が切れたときは、LED 電球に交換している。

=5.3　蛍光灯

● 発光原理とスペクトル

　蛍光管の中に蒸気状の水銀が封入されている。その中で放電させると、電子が水銀原子に衝突し、水銀原子を励起状態にする。励起状態の水銀原子が元の基底状態に戻るときに紫外線を放出する。その紫外線を蛍光体で可視光に変換する。蛍光体で波長変換をする場合、物理学の法則により、短い波長から長い波長への変換はできるが、その逆はできない。紫外線は青色光より波長が短いので、どの色の可視光へも変換可能である。

　放電を開始するには高い電圧が必要なので、蛍光灯専用の回路が必要である。蛍光灯用の回路は、以下の 2 つの働きをする。

1　点灯時に蛍光管の両端に高い電圧をかける。

2　放電開始後は蛍光管の両端電圧を低い値に維持する。

12　パナソニック　ランプ総合カタログ 2011　p.130 より　パナソニックは 2019.6 の時点で E26 口金の白熱電球は 150 W と 200 W の製品しか作ってない。

13　寿命が 4000 h という白熱電球もある。

　蛍光灯を LED に取り替えるときは、原則として器具丸ごと取り替える必要がある。

　2022 年の時点で、蛍光灯器具は販売されていないが、交換用の蛍光管は売られている。直管型パルックプレミアの発光スペクトルを図 5.6 に示す[14]。図から分かるように、いくつかの波長において鋭いピークがある。赤、緑、青に反応する視細胞の感度が高くなる波長に、ピークがくるように設定してある。そうすることで、同じエネルギーでも人間の目に明るく感じられる。平均演色評価数（Ra）はどの色温度でも 84 である。蛍光灯には演色評価数が高い（Ra99）製品もある。高演色性蛍光灯のスペクトルを図 5.7 に示す[15]。色検査用、病院の診察室などに使われるそうである。

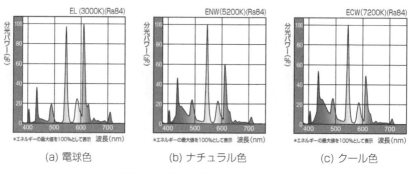

図 5.6　パルックプレミアのスペクトル

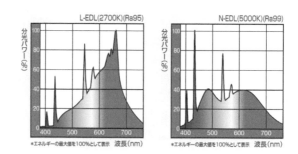

図 5.7　高演色形蛍光灯のスペクトル

14　パナソニック ランプ総合カタログ 2017　p.65　より引用
15　パナソニック ランプ総合カタログ 2017　p.90　より引用

● 数値データ

32 形直管形 Hf 蛍光灯の数値データを以下に示す[16]。

型番	色	消費電力	光束	効率	色温度	寿命	Ra
FHF32EX-N	ナチュラル色	32 W	3520 lm	110 lm/W	5000 K	12000 h	84

蛍光灯の寿命は 2.75 時間点灯して 0.25 時間消灯する連続繰り返し試験での残存率が 50 %（切れてしまう蛍光灯の個数が半分になる）となった時間を定格寿命としている。蛍光灯は頻繁に点滅させると寿命が短くなる。1 回の点灯で約 1 時間寿命が短くなるため、0.2 h の周期で点灯させると寿命は 35 % 程度になる[17]。光束は寿命の時点で新品時の 70 % になる。

効率は 70 lm/W 〜 110 lm/W 程度で、寿命は約 10000 h である。平均演色評価数は 84 であり、実用上満足とされる 80 を超えている。

蛍光灯は点灯直後は暗い。立ち上がり特性を図 5.8 に示す[18]。点灯直後の明るさは最大照度の約 80 % であり、最大照度に達するまで約 3 分間が必要である。ゆえに、蛍光灯は廊下、トイレなど「on にした後、短時間で off にする場所」には不適切である。

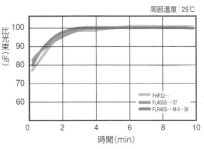

図 5.8　蛍光灯の立ち上がり特性

5.4　LED

● 発光原理とスペクトル

LED(発光ダイオード) は Light Emitting Diode の略称である。半導体である Si（シリコン）に適切な添加物を付加すると、p 型半導体や n 型半導体ができる。p 型半導体と n 型半導体を接合したものを pn 接合と呼び、片方向にしか電流を流さない性質を持つ。これがダイオードという素子である。

16　パナソニック ランプ総合カタログ 2017　p.224　より引用
17　パナソニック ランプ総合カタログ 2011　p.266　より引用
18　パナソニック ランプ総合カタログ 2018　p.216　より引用

　添加物の種類によって、電流を流すと発光するダイオードができる。発光
する波長は添加物の種類によって決まり、赤色、緑色、青色などがある。ス
ペクトルは単峰性である。LED を使った照明には「LED 電球」「シーリン
グライト」「デスクスタンド」などがある。LED 電球から話を始める。

● LED 電球
　照明用の LED は白色光を出す必要がある。白色光を作り出す方法として、
LED 電球が登場した頃は、

　　* 青色LED＋黄色蛍光体

という方式が使われた。青色光と黄色光をミックスして白色光を実現してい
た。この方式は赤色光と緑色光が不足するため、Ra（平均演色評価数）が
低いという問題があった。その後、

　　* 青色LED＋緑色蛍光体＋赤色蛍光体

などの Ra を改善した製品が登場した。現在は様々な方式の製品がある。
　図 5.9 にパナソニックの「LED ランプ総合カタログ 2020 年夏」の p.55

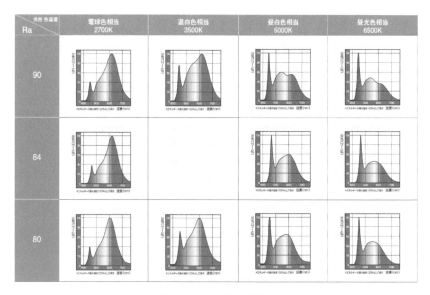

図 5.9　パナソニック　LED 電球のスペクトル

に掲載されている LED 電球のスペクトル図を示す[19]。パナソニックの製品は Ra90、Ra84、Ra80 の製品がある。色は 4 色あり、電球色が 2700 K、温白色が 3500 K、昼白色が 5000 K、昼光色が 6500 K である。

図 5.9 のピークの位置から分かるように、Ra80 の製品はどの色も「青色 LED + 黄色蛍光体」であると推測される。一方で Ra90 の製品は「青色 LED + 緑色蛍光体 + 赤色蛍光体」であると推測される。

● 指向性

白熱電球と蛍光灯は全方向に光が広がるのに対して、LED 電球は指向性があり、製品によって光の広がり方に差がある。図 5.10 に全方向タイプと広配光タイプの光の広がり方を示す[20]。漢字から受ける印象は「広配光タイプ」の方が広範囲に広が

約260度　　　　約180度
(a) 全方向タイプ　(b) 広配光タイプ

図 5.10　LED 電球の配光タイプ

るように思えるが、そうではなく、「全方向タイプ」の方が広範囲に広がる。ここでは約 260 度と約 180 度の場合を示したが、約 290 度、約 220 度、約 200 度、約 140 度、約 120 度の製品もあり、製品ごとに異なるので、購入時に確認する必要がある。

● サイズ

2017 年までは LED 電球のサイズは白熱電球より大きく、「交換すると LED 電球がはみ出してしまうので交換不可」という場合があった。2021 年の時点で、図 5.11 に示すように[21]、60 W 形以下の LED 電球については LED 電球のサイズは白熱電球よ

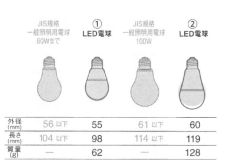

	JIS規格 一般照明用電球 60Wまで	① LED電球	JIS規格 一般照明用電球 100W	② LED電球
外径 (mm)	56 以下	55	61 以下	60
長さ (mm)	104 以下	98	114 以下	119
質量 (g)	—	62	—	128

図 5.11　LED 電球のサイズ

19　パナソニック LED ランプ総合カタログ 2020 夏　p.55　2021 秋の p.55 も同一
20　パナソニック　ランプ総合カタログ 2017　p.22　より引用
21　パナソニック　LED 電球総合カタログ 2020 夏　p.20　より引用

り小さい。ただし 60 W 形以下であっても機種によっては白熱電球より長い
製品があるので、サイズの制約がある場合は、購入時に確認する必要がある。

● 調光対応と非対応

　白熱電球は調光可能である。調光回路は出
力 100 ％のとき図 5.12 (a) のような電圧波
形を白熱電球に加え、出力 50 ％のとき同図
(b) のような波形を加える。図から分かるよ
うに、電圧をかける時間帯を調節することに
より、調光を行う。

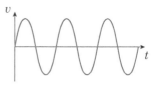

(a) 出力 100 ％時の電圧波形

　LED 電球は、交流を整流して直流に変換
してから、LED を駆動する。図 5.12(b) の
電圧波形では LED を駆動するための直流電
圧が作れないため、点灯しない。ほとんどの

(b) 出力 50 ％時の電圧波形

図 5.12　調光のしくみ

LED 電球には「調光器付きの器具には使えない」と但し書きが書いてある。
ただし、調光器対応の LED 電球も販売されている。

● 数値データ

　60 W 形（60 W 電球相当）の数値データ（パナソニック　プレミア X
全方向タイプ）を以下に示す。

色	色温度	消費電力	光束	効率	寿命	Ra
電球色	2700 K	7.4 W	810 lm	109 lm/W	40000 h	90
温白色	3500 K	7.4 W	810 lm	109 lm/W	40000 h	90
昼白色	5000 K	7.3 W	810 lm	111 lm/W	40000 h	90
昼光色	6500 K	7.3 W	810 lm	111 lm/W	40000 h	90

　LED 電球の寿命は「全光束が初期の 70 ％になる LED の割合が 50 ％と
なる時間」と定義される。寿命は 40000 h であり、蛍光灯の 10000 h を上回っ
ている。計算上は、1 日 10 時間使っても 10 年以上持つ。全光束の経時変化
を図 5.13 に示す[22]。寿命である 40000 時間において、明るさは 70 ％になる。

　LED 電球の効率は 100 lm/W を超えており、蛍光灯を上回っている。

22　パナソニック ランプ総合カタログ 2018　p.209　2022 年春のカタログも同一

LED 電球の Ra は年々向上を続
けている。2015 年の時点では電
球色は 80、昼光色は 74 であった。
2016 年に 84 になり蛍光灯と並ん
だ。2019 年にプレミア X タイプ
が発売され 90 になり、蛍光灯を
上回った。

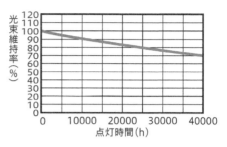

図 5.13　LED 電球の経時変化

● 高演色形の LED 照明

　高演色形の LED 照明が様々な会社から発売されている。その中からスペ
クトルに関する情報があるものをいくつか示す。

　図 5.14 にパナソニックの美ミルック（ミルック）のスペクトルを示す[23]。
この商品は 2016 年に発売された。スペクトルから「青色 LED ＋ 緑色蛍光
体 ＋ 赤色蛍光体」であると推測される。

　図 5.15 に東芝ライテックの高演色タイプ LED バーのスペクトルを示す[24]。
この製品も「青色 LED ＋ 緑色蛍光体 ＋ 赤色蛍光体」であると推測される。

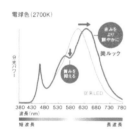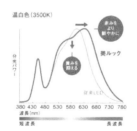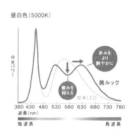

図 5.14　パナソニック　美ルックのスペクトル

　日立グローバルライフソリューションズの「まなびのあかり」[25] という
LED シーリングライトは Ra92 という高演色性を実現している。Web サイ

23　パナソニック 住宅用照明器具 Expert 2020 p. C-6 より引用

24　https://www.tlt.co.jp/tlt/products/facility/facility_led_indoor/led_baselight_
tenqoo_ledbar_kireiro/led_baselight_tenqoo_ledbar_kireiro.htm（東芝ライテックのサイ
ト）最終アクセス 2022.9.24

25　日立グローバルライフソリューションズは 2022 年 12 月に住宅用 LED 照明の製造を終了する。
「まなびのあかり」もその中に含まれる。2022.10 の時点では Web サイトにスペクトル図など
が掲載されていたが、今後は消える可能性がある。

トに掲載されている写真やスペク
トル図を見ると、3 種類の LED
を使っているように見える。ベー
スとなる光を担当する LED は「青
色 LED＋緑色蛍光体＋黄色蛍光
体」という方式であり、それに「青
緑色 LED」と「赤色 LED」を追
加した製品と推測される。

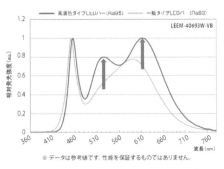

**図 5.15　東芝ライテック　高演色タイプ
LED バーのスペクトル**

　Soraa 社が開発した LED 電球
は「紫色 LED＋青色蛍光体＋緑
色蛍光体＋赤色蛍光体」あるいは「紫色 LED＋青色 LED＋緑色蛍光体＋
赤色蛍光体」という方式で高演色性を実現した LED 電球である。Soraa 社
は「青色 LED を発明してノーベル賞を受けた中村修二博士」らが共同創業

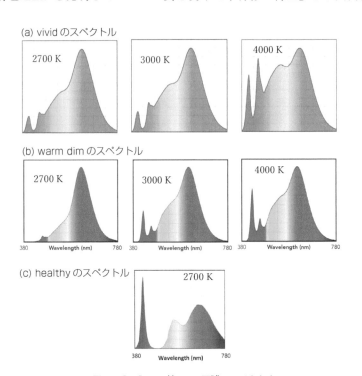

図 5.16　Sorra 社 LED 電球のスペクトル

したベンチャー企業であり、2020 年に京セラの子会社となった。

Soraa 社の vivid という製品 (色温度が異なる 3 種類の製品がある。Ra95) のスペクトルを図 5.16 (a) に[26]、warm dim という製品 (3 種類の製品がある。Ra95) のスペクトルを図 5.16 (b) に[27]、healthy という製品（Ra80）のスペクトルを図 5.16 (c) に示す[28]。いずれの製品も個性のあるスペクトルを持っている。

ここまでで紹介した方式以外にも、以下の方法が考えられる。

　　　　　青色 LED＋ 緑色 LED＋ 赤色蛍光体

　　　　　青色 LED＋ 緑色蛍光体 ＋ 赤色 LED

LED シーリングライトの多くは「色温度が異なる 2 種類の LED」の光量のバランスを変えることで、調色する機能を持っている。

現在の LED の照明器具の Ra は既に 80 を上回っているので、今後 Ra を劇的に向上させることは難しい。ただし、スペクトルの小さな改良はこれからも継続されると思われる。

● シーリングライトのルーメン数

現在シーリングライトを購入する場合、LED しか選択肢はない。電気店の LED シーリングライトの売り場に行くと、おおむね 6 畳用が 3800 lm、8 畳用が 4300 lm、12 畳用が 5400 lm である。

かつて売られていた蛍光灯シーリングライトの場合、円形の蛍光灯 2 本 (32 形 +40 形) を用いた 6 ～ 8 畳用の器具のルーメン数はパルックプレミア（ナチュラル色 5200 K）の場合 2640 +3440 ＝ 6080 lm であり、8 ～ 12 畳用の 100 W 形ツインパルックプレミア（ナチュラル色 5000 K）を用いた器具は 8570 lm（25 ℃）～ 9140 lm（40 ℃）である。

LED のシーリングライトは下向きの LED が並んでおり、LED の光は指

26　https://www.soraa.com/assets/cloud/product_specs/soraa-healthy-gu10/07378/MR16-GU10_7_5W_HEALTHY_NA.pdf　アクセス 2021.10.22　2022.9.24　この pdf は英語版サイトにある。日本の代理店はアカリセンターであり、そこで販売されている E26 口金の LED 電球のデータシートのスペクトルは warm dim の 2700 K の製品と同一である。

27　https://www.soraa.com/assets/cloud/product_specs/soraa-vivid-warm-dim-mr16-gu5-3-12v/SS-SM16-7W-NA2_WARM_DIM.pdf　アクセス 2021.10.22　2022.9.24

28　https://www.soraa.com/assets/cloud/product_specs/soraa-healthy-gu10/07378/MR16-GU10_7_5W_HEALTHY_NA.pdf　アクセス 2021.10.22

向性が強いのに対して、蛍光灯は全方向に光束が出るので、LED 照明と蛍光灯照明のルーメン数を比較する場合、蛍光灯は割り引いて考える必要がある。それでも、同じ畳数用であれば、LED 照明のルーメン数は、蛍光灯に比べるとかなり小さい。さらに、LED 照明を調光して色温度を低くして使う場合、色温度を最も低くした状態の照度（単位は lx）は色温度が高い場合の 6 割程度になる[29]。

蛍光灯の場合、管を取り替えることで色温度を変えることができるが、調光はほとんどできなかった。それに対して、LED は多くの製品において、「色温度」と「明るさ」の両方を連続的に変更することが可能である。

LED は連続的に調光できるので、明るめの製品を購入することをお勧めする。筆者は 6 畳の部屋に 5400 lm（12 畳用）のシーリングライトを取り付けて使用している。

5.5　効率の比較

パナソニック ランプ総合カタログに掲載されている各種ランプの効率を図 5.17 に示す[30]。図は 2018 年版のものだが、2022 年版も同一の値である。

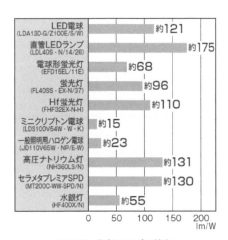

図 5.17　各種ランプの効率

エネルギー配分 光源の種類	全放射	紫外放射	可視放射	赤外放射	対流・伝導
LED電球	32.0%	0.0%	31.8%	0.2%	68.0%
蛍光灯（40形）	60.0%	0.5%	18.8%	40.7%	40.0%
電球（100形）	93.0%	‒	9.0%	84.0%	7.0%
高圧ナトリウム灯（360形）	77.5%	0.3%	30.0%	47.2%	22.5%
メタルハライドランプ（400形）	84.0%	3.0%	25.0%	56.0%	16.0%
蛍光水銀灯*（400形）	75.5%	2.1%	14.8%	58.6%	24.5%

※LED電球は、回路部分の電力損失は考慮せず（LEDモジュールに投入される電力を100%としている）。

図 5.18　各種光源のエネルギー配分

29　筆者の使っている LED シーリングライトの測定結果による。
30　パナソニック ランプ総合カタログ 2018　p.205 より引用

LED の効率は電球形、直管形ともに蛍光灯を上回っている。

図 5.18 に各種光源のエネルギー配分を示す[31]。可視放射は LED 電球が一番高いので、原理的に LED が一番効率が高い。

5.6　今後の見通し

● 蛍光灯器具

蛍光灯器具はメーカーが生産を終了しており、新規購入はできない。蛍光灯器具の寿命は 10 年と言われているので、蛍光灯は徐々に姿を消してゆくと思われる。筆者は約 20 年使用した蛍光灯器具に含まれる安定器という部品が劣化して、「蛍光管とグローランプを交換しても点灯しない」という現象に遭遇した。蛍光管の生産は継続されているが、価格の上昇などが予想される。蛍光管が切れたとき、新しい蛍光管を購入するか LED 照明へ買い換えるか、要検討である。

● 白熱電球用器具

E26、E19 といった白熱電球を取り付けるためのソケットを持った照明器具はマイナーではあるが生産されている。白熱電球用の器具は「60 W まで」のように、使用可能な白熱電球の最大出力が記載されている。白熱電球は激しく発熱するので、放熱が必要であり、何 W までの白熱電球なら安全に使えるかを表している。これを超えると、火災などの危険がある。また、これを超えなくても器具の上から布団を掛けたりすると火災の危険がある。

LED 電球の消費電力は白熱電球より遙かに低い。60 W 形の白熱電球（810 lm）相当の LED 電球の消費電力は 8 W 程度、100 W 形（1600 lm）、150 W 形（1800 lm）相当の LED 電球の消費電力はそれぞれ 10 W ～ 13 W、18 W である[32]。

60 W 形の白熱電球用の器具に、それより大きな W 形の LED 電球を取り付けても、火災の危険性はないと思われる。ただし「100 W 形の LED 電

31　パナソニック ランプカタログ 2022-2023　p.115

32　筆者は 150 W 形相当の LED 電球を購入したが、照度を測定したところ 100 W 形の LED 電球よりも暗かった。製品によっては期待通りの性能が出ない場合がある。

球」は「100 W 形の白熱電球用器具の放熱特性」を前提に設計されている。LED 電球は電子回路を内蔵しており、放熱が悪いと電子回路の寿命が短くなる。したがって 60 W 形白熱電球用の器具に、それより大きな W 形の LED 電球を取り付けると、寿命が短くなる可能性がある。特に密閉型の器具は放熱が悪いので、リスクが高まると思われる。読者が試すときは自己責任で行ってほしい。

　密閉型器具対応、断熱材施工器具対応の LED 電球は、通常の LED 電球に比べると、放熱が悪くても寿命に影響しないように作られている。規定より大きな W 形の LED 電球を取り付ける場合は、それらの製品の方がよいと思われる。

　筆者は明るくしたいので、60 W 形白熱電球 3 個用の照明器具に、100 W 形の LED 電球 3 個を取り付けて使用している。5 〜 6 年程度は問題なく使用できていたが、5 〜 6 年経過後、そのうちの 1 個が 1 〜 2 時間に 1 回程度一瞬（約 1 秒）暗くなるという現象が発生した。使用条件が悪いことが原因か否かは不明である。

　白熱電球の色温度は製品によらず 2800 K 程度であるが、LED 電球を使用することで、好みの色温度の電球を使うことができる。

● LED 照明器具

　LED は今後も性能向上の余地があるように思われる。寿命 40000 h は毎日 10 h 使っても 10 年以上持つ。製品の選択は慎重に行いたい。

　白熱電球や蛍光灯を選択する場合、性能については「何ワット形か」と「色温度」程度しか選択肢がなかった。それに対して、LED 照明器具は考慮すべき項目が多数ある。

- 明るさ：何ルーメンか。調光は可能か
- 色温度：何度か。色温度は可変か
- 平均演色評価数：できるだけ高い方が色の見え方がよい
- 光の広がり：広がり具合はどうか。ムラはないか

デスクライト、シーリングライトを購入する場合、一度購入したら、あとは寿命が来るまで使い続けて、寿命が来たら廃棄する。選択の幅が非常に広いので、選択は悩ましい。

第6章 情報家電

かつて、テレビ、ラジオ、電話などの情報家電はアナログ回路で構成されていた。今の情報家電はデジタル化されており「特定の機能に特化したコンピュータ」と考えることもできる。正しく使うにはデジタルの知識が必要である。また、コンピュータは人間の目に見えないところで超高速で処理を行うので、しくみを理解するのが難しい機器である。それでも、しくみに対する理解を少し深めれば、より適切な扱い方ができるかもしれない。本章では情報家電について学習する。

6.1 テレビ

● 画素数

テレビなどの動画は、静止画を連続して表示することで動きを表現している。1秒間に表示する画像の枚数をフレームレートという。現在のテレビ放送のフレームレートは約30 fps（frame per second）である。フィルム時代の映画のフレームレートは24 fpsである。

テレビの画素数[1]は1920 × 1080であり、縦横の比率は16：9である。おおよその総画素数は2000 × 1000 = 2 k × 1 k = 2 M（200万）である。

アナログ放送時代（2011 ～ 2012年に放送終了）のテレビは、縦の走査線数が480本[2]で縦横の比率は4：3であった。横方向の画素数はアナログ信号なので定義できないが、画素が正方形をしていると仮定すると、4：3なので横方向の画素数は480 × 4/3 = 640画素であり、総画素数は640 × 480 ≒ 30万画素である。画素数が現在のテレビよりも圧倒的に少ないので、昔

---

1 デジタル画像は非常に小さな点が集まってできている。個々の小さな点を画素という。画素のことを pixel（ピクセル）ともいう。
2 アナログテレビは「電子銃が画面（ブラウン管）の左端から右端まで移動して画面を描く」という動作を、画面上端からはじめて、縦の位置を少しずつ下方へずらして描くことを繰り返して画面をつくる。左端から右端までの1本の線を走査線という。

の VTR が放送されるとボケた感じに見える。

　地上波デジタル放送の電波で送られる信号の解像度は 1440 × 1080 である。テレビの横方向の画素数は 1920 画素なので、横方向に引き伸ばして表示している。BS デジタル放送の解像度は 1920 × 1080 である。

　現在のテレビ売り場では 4K テレビが主流になっている。4K の意味は横方向の画素数が約 4000（正確には 3840）であることを表す。1920 × 1080 を縦横ともに 2 倍した画素数なので、4K テレビの画素数は 3840 × 2160 であり、おおよその総画素数は 4000 × 2000 ＝ 4 k × 2 k ＝ 8 M（800 万）である。

　表示の画素数を 4K にしても、放送される電波に含まれている情報は 1440 × 1080 あるいは 1920 × 1080 なので、意味がないように思える。この考えは画像処理技術が未発達な時代は正しかったが、現在はそうとは言えない。現在の画像処理は、元の動画に対して、AI（Artificial Intelligence：人工知能）が持つ知識を加えて、失われた情報を再現できるようである。例えば、白黒画像をカラー画像にする技術があるが、これは AI が持つ知識を利用して失われた情報を再現している。4K テレビは静止画のピクセル間を補完する機能がある。さらに、フレーム間に新規に生成した画像を挿入し、60 fps や 120 fps にする技術も搭載されている。AI も用いた高度な画像処理技術は筆者には理解できていない。

　テレビの画素数は増える傾向にある。どこまで増やせば人間の限界を超えるのか？　については、横方向に 8000 画素が必要であると言われている（網膜の隣の細胞に、画像の隣の画素が投影される）。現在の 4K テレビは横方向に 4000 画素なので、もう一段階進歩する可能性はある。

　余談であるが、スマホの場合、iPhone のディスプレイは retina ディスプレイ（retina は網膜の意味）と言われ、人間の網膜の解像度を超えていると言われている。

● 人間の限界

　テレビの画素数は 4K テレビの先にもう一つあるかも知れないと述べた。ここでは音声に対する人間の限界について考察する。音声に関しては 1984 年頃から普及した CD の規格（サンプリング周波数 44.1 kHz、量子化ビッ

ト数 16 bit）は、ほぼ人間の限界
に達している。

　音はマイクを通すと図 6.1 のよ
うな時間変化する電圧波形になる。
デジタル化するとき、一定時間ご
とに電圧の大きさを数値で表す。1
秒間に数値化する回数をサンプリ
ング周波数と言う。サンプリング
周波数 44.1 kHz は 1 秒間に 44100

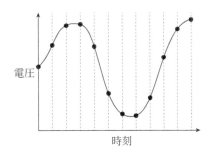

電圧

時刻

図 6.1　音のサンプリング

回サンプリングすることを意味する。電圧を表す数値は 2 進数で表す。2 進
数何桁で表すかを量子化ビット数という。量子化ビット数が n bit のとき、
2^n 段階で表すことを意味する。16 bit なら $2^{16} = 65536$ なので、65536 段階
で表す。

　人間の耳が聞くことができる音の周波数は 20 Hz ～ 20 kHz である。ピア
ノの一番左端の鍵盤のラの音が約 27 Hz であり、一番右端のドの音が約 4
kHz である。1 オクターブは周波数が 2 倍だから、ピアノの右端の鍵盤より
2 オクターブ上が 4 kHz × 2 × 2 = 16 kHz であり、3 オクターブ上が 32
kHz である。人間の耳に聞こえる周波数の上限である 20 kHz は、ピアノの
右端の鍵盤より 2 オクターブと少し上である。ただし、実験してみたところ、
筆者には 15 kHz 以上の音は聞こえなかった。サンプリングの定理により、
最大周波数の 2 倍の周波数でサンプリングすれば、元の波形を完全に再現で
きる。44.1 kHz は人間の可聴周波数の上限である 20 kHz の 2 倍以上なので、
人間の耳の限界を超えている。

　量子化ビット数 16 bit は、音を $2^{16} = 65536$ 段階で表す。最も小さい音は
振幅が 1/2、最も大きな音は振幅が 65536/2 = 32767 である。エネルギー
は振幅の 2 乗に比例するので、ダイナミックレンジ（最大音と最小音のエネ
ルギー比）は $(32767)^2 ÷ (0.5)^2 = (65536)^2 ≒ 43$ 億 であり、96 dB である [3]。

3　dB はデシベルと読む。ダイナミックレンジは dB で表されることが多い。エネルギー比 r を r
$= 10^x$ のように指数形式で表したとき、x を 10 倍した値が dB 値である。$r = 10^x$ の両辺の log
をとると、$x = \log r$ である。その 10 倍だから、デシベル値を d とすると $d = 10 × \log_{10} r$ で
ある。$10 × \log_{10}(2^{16})^2 = 96$ と計算できる。

人間の耳のダイナミックレンジ（聞くことができる最小音と最大音のエネルギー比）は 120 dB 程度（1 兆倍）と言われている。16 bit でサンプリングしたときのダイナミックレンジ 96 dB（43 億倍）より大きい。クラシック音楽の生演奏におけるフォルテシモとピアニシモのダイナミックレンジは 96 dB 以上あると思われるが、J-POPS のように最初から最後まで音量がほぼ一定の音楽では 96 dB で十分である。

　ハイレゾ音源（サンプリング周波数 96 kHz、量子化ビット数 24 bit）はダイナミックレンジが 144 dB（$10 \times \log_{10}(2^{24})^2$）なので、人間の限界を完全に超えている。普通の人は 44.1 kHz、16 bit の音楽ソースをさらに圧縮して（情報量は減る）mp3 形式や aac 形式で音楽を聴いて満足しているので、ハイレゾ音源が必要な人はかなり特殊な人かもしれない。筆者はサンプリング周波数として 96 kHz が必要か否かは分からないが、量子化ビット数に関しては、16 bit より 24 bit の方が表現力がすぐれていると感じる。以前、アナログカセットテープに録音したピアノ演奏をデジタル化したとき、16 bit より 24 bit の方が、余韻が豊かで空間的な広がりがあるように感じられた。アナログカセットテープのダイナミックレンジは 60 dB 程度なので 16 bit（ダイナミックレンジ 96 dB）で十分なようだが、そうではなかった。私がオーディオアンプの実験をしたとき、人間の耳にはわずかにスピーカーから正弦波の音が聞こえたが、オシロスコープで波形を見てもノイズしか見えなかった。人間の耳にはノイズに埋もれた正弦波を聞く能力があるようである。人間の耳の性能は小さい音を聞くことに関しては非常に高性能なので、16 bit では不足しているのかもしれない。

=6.2　カメラ

　2022 年の時点で、スマホ内蔵カメラの性能が飛躍的に向上したため、デジタルカメラはマニアのものとなっている。ここではスマホ内蔵カメラも含めたカメラについて述べる。

　カメラで撮影する画像の解像度は 2000 年頃は 200 万画素程度であった。現在はスマホ内蔵カメラの解像度は最低でも 1000 万画素程度となっており、

デジタルカメラの解像度は 2000 万画素程度となっている。それに比べると、デジタルテレビは 200 万画素であり、カメラの解像度に比べるとかなり低い。

1000 万画素の画像の縦横の画素数について考える。縦横比を 4：3 と仮定すると、4000 × 3000＝4 k × 3 k＝12 M（1200 万画素）なので、1000 万画素のカメラの縦横の画素数は縦 3000、横 4000 程度である。

第 5 章で学習したように、色の三原色は「赤、緑、青」（以下 RGB）である。デジタル画像の各画素は RGB 各色の明るさを 1 byte（以下 byte を B で表すことがある）で表す。ゆえに 1 画素を表すのに必要なメモリは 3 byte である。1000 万画素の画像のファイルサイズは、無圧縮なら 10 M × 3 B＝30 MB である。通常は jpg という形式で圧縮して 1/10 程度になるので、1000 万画素のデジタル画像 1 枚の容量は 3 MB 程度である。

1 byte ＝ 8 bit だから、デジタル画像は RGB それぞれを 2^8＝256 段階で表す。色数は 256^3 ≒ 1700 万色である。スマホのカメラで撮影した画像は RGB 各 256 段階であるが、デジタル一眼レフカメラで撮影した画像は量子化 bit 数が、12 bit（4096 段階）、14 bit（16384 段階）であり、これを RAW 画像と呼ぶ。RAW 画像より量子化 bit 数が 8 ビットの画像を生成することを「現像」と呼ぶ。

≡6.3　パソコンのハード

● パソコン本体

パソコン本体を構成する要素として重要なのは、以下の 3 つである。
- CPU (Central Processing Unit)
- メモリ（RAM：Random Access Memory）
- ストレージ (Storage) …… HDD (Hard Disk Drive) あるいは SSD (Solid State Drive)

CPU は人間の脳に例えることができる。「CPU の型番とクロック数」がパソコンの性能に直結するので、最も重要な要素である。同じ型番の CPU の場合、処理速度はクロック数に比例する。CPU のコア数はパソコンが同時に処理できる仕事の個数と考えればよい。今のパソコンは同時に 100 個以

上のプログラムが動作している[4]。コア数が増えると処理速度が上がり快適になる。

　メモリは作業机に例えることができる。メモリの上に OS（たとえば Windows 10）、アプリ（たとえば Word 365）、データ（作成する文書ファイル）を置いて作業をする。必要なメモリのサイズ（容量）は、OS、使うアプリ、編集するデータによって異なる。動画編集や 3D ゲームのプレイには十分に大きなメモリが必要と言われている。メモリ不足が発生すると、パソコンの速度が劇的に低下する。メモリ不足によりパソコンの動作が遅い場合は、Windows パソコンの場合、メモリ増設により解決できる（ただし、パソコンによってはメモリの増設ができない機種もある）。

　デスクトップパソコンの場合、電源を切るとメモリ上の情報は消える。ゆえに停電が発生すると、その時点での作業内容が消えてしまう。ノートパソコンの場合、バッテリーがあるので、メモリ上の情報は維持される。かつては、パソコン作業中に時々データをセーブしていた。今ではオートセーブ機能がついているアプリも多いので、かつてほど保存に気を使う必要はなくなった。

　ストレージはデータを保存する場所であり、書棚に例えることができる。電源を切っても内容を保持する。ストレージは HDD と SSD の 2 種類がある。特徴を表 6.1 にまとめる。

表 6.1　SSD と HDD の比較

	SSD	HDD
データの読み書き	高速	低速
標準的な容量	250 GB 〜 1 TB	1 TB 〜
落下などの衝撃	強い	弱い
1GB あたりの単価	高い	安い

　SSD はトンネル酸化膜と呼ばれる絶縁体を用いて電子を蓄積することで情報を保持する。電子は少しずつ漏れてゆくので、長期間放置すると、SSDに記録したデータは消えてしまう。筆者は「SSD やフラッシュメモリを放置した場合、確実に保持する期間は 10 年」という話を読んだことがあるが、温度などの条件にも依存するので「○年間は大丈夫」と確定的なことは言え

4　見かけ上は同時に多数のプログラムが動作しているが、実際は同時に動作できるプログラムの個数はコア数が上限である。多数のプログラムを時分割して実行することにより、同時に実行しているように見せかけている。

(a) パフォーマンス画面　　　　　　　　　　(b) プロセス画面

図 6.2　タスクマネージャの画面イメージ

ないようである。メーカーに問い合わせると「確実に保持できる期間についてのデータはない。SSD は一時的な記録媒体であり、長期保存には向かない」という回答であった。長期間（10 年以上）保存したいデータは、SSD ではなく後述する BD-RE や DVD-RAM に保存するのが無難である。

　Windows 10 パソコンのスペックを確認するには、タスクマネージャを起動すればよい。[Ctrl][Shift][Esc] の 3 つのキーを同時に押すとタスクマネージャが起動する。タスクマネージャを起動する他の方法としては、[Ctrl][Alt][Delete] の 3 個のキーを同時に押した後「タスクマネージャ」を選択する、あるいは [Windows]+[X] キーを押した後「タスクマネージャ」を選択する、という方法がある。図 6.2 にタスクマネージャの画面のイメージを示す。

　簡易表示になっている場合は「詳細」をクリックして詳細表示モードにする。

　「パフォーマンス」のタブをクリックすると図 6.2 (a) の画面となり、ハードウェアを確認することができる。「CPU の型番、クロック、コア数」「メモリの容量と現在の使用量」「ストレージ（ディスクと表示される）の容量」などを確認することができる。

　「プロセス」タブをクリックすると、同図 (b) のようにパソコン内で動作している全てのプロセス（プログラム）の状態を確認することができる。

　パソコンの動作が重いとき、CPU のパワーを大量に消費しているプロセスがある、あるいは激しくディスクアクセスをしているプロセスがある。ディ

スクのアクセスは重い処理なので、ディスクに大量のデータの書き込みをしているプロセスがあるときは、パソコンが重くなる。「CPU」の文字付近をクリックすると、CPU の使用量が多い順番に並び替えることができる。もう一度クリックすると小さい順番に並べ直す。「ディスク」の文字付近をクリックするとディスクのアクセス量が多い順にプロセスを並べ直す。このようにして、CPU を大量に使っているプロセスあるいはディスクを激しくアクセスしているプロセスを特定することで、パソコンが重い原因を知ることができる。

　ブラウザで YouTube を視聴しているとき、どのくらいネットワークを使っているかを調べたいときは、「ネットワーク」の文字付近をクリックして、ネットワークを使っている順番にアプリを並べ直すことで確認できる。YouTube を視聴しているブラウザが上位に表示され、何 Mbps 使っているかが分かる[5]。このとき「表示」→「更新の頻度」→「低」に設定し、できるだけ平均値が表示されるようにする。

● ディスプレイ

以下が選択の基準となる。
- サイズ（何インチか？）
- 画素数
- ノングレアかグレアか？

サイズは大きい方が作業しやすい。しかし、大きなディスプレイは高価であり、場所もとるので、作業のしやすさとのトレードオフになる。

　24 インチクラスのディスプレイの場合、画素数としてポピュラーなのは縦横が 16：9 の 1920 × 1080 である。デジタルテレビと同じ画素数である。縦横比が 16：10 で画素数が 1920 × 1200 のディスプレイもある。縦方向に長いので、Word や Excel などの事務作業がより快適にできる。

　それより大きなサイズのディスプレイの縦横比は 16:9 である。27 インチクラスのディスプレイは 1920 × 1080、2560 × 1440、3840 × 2160 などの製品がある。32 インチクラスのディスプレイは 2560 × 1440、3840 × 2160

5　Mbps (Mega bit per second)：通信速度を表す量であり、1 秒間に何メガ bit を伝送するかを示す。メガは 100 万を表す。

などの製品がある。

32 インチのディスプレイは非常に大きく、ディスプレイの端ギリギリまで使うことはないので、縦横比を気にする必要はない（16：9 の製品しか見あたらないので、縦横比の選択の余地はないが…）。

3840 × 2160 のディスプレイを 4K ディスプレイと呼ぶ。4K ディスプレイはドットピッチ（1 ピクセルのサイズ）が小さいので、文字がきめ細かく表示され、美しく読みやすい。ドットピッチが小さいので、Windows で使用する場合、27 インチの場合は 175 ％、32 インチの場合は 200 ％で使うのが一般的である。古いアプリは小さいドットピッチを想定していないものがあり、メニューの文字やカーソルの大きさなどが非常に小さくなってしまい、実用に耐えない場合がある（互換性の設定にチェックを入れても解決できない場合がある）。そのような場合は、4K ディスプレイをあえて性能を落として 2560 × 1440 や 1920 × 1080 で使うしかない。

グレアは表面がつるつるしている感じの画面であり、タッチパネル付きの画面は必然的にグレアとなる。ノングレアは表面がつるつるしておらず、つや消しという感じである。グレアの方が鮮明であるが、写り込みがあるので、長時間作業するときに目に優しいのはノングレアである。

「照明」の章でカラーを表現する方法を学んだ。人間の目の網膜は「赤色光を感じる視細胞」「緑色光を感じる視細胞」「青色光を感じる視細胞」の 3 種類の細胞が並んでいる。3 種類の細胞からの出力の比率で色を感じる。赤色光、緑色光、青色光を混ぜ合わせると、その強度比によって任意の色を表現することができる。これを加色混合という。液晶ディスプレイはこの原理に基づいて色を表現する。赤緑青（RGB：Red、Green、Blue）の光の量をそれぞれ 256 段階で設定する。表現できる色数は 256 × 256 × 256 ＝ 約 1700 万色である。

長時間のディスプレイ作業を行うとき、目の疲れを軽減するため、筆者は画面を極力暗くして作業している。ディスプレイを選択するとき、「画面をどこまで暗くできるか？」は筆者にとって重要な選択ポイントである。

● バックアップ用の媒体と機材

パソコンのストレージ（HDD あるいは SSD）が故障すると、中のデータ

を読み出せなくなる。データは貴重な財産であるから、バックアップしておく必要がある。

　クラウドが普及する前は、データはパソコンのストレージに保存し、バックアップを外部記憶媒体（外付け HDD、BD、DVD など）にとっていた。火事などにより部屋や建物全体がダメージを受けることを考え、慎重を期す場合は、バックアップデータを別の場所（筆者は遠隔地バックアップと呼ぶ）に置いた。

　今は多くの人がデータを Dropbox、OneDrive、Google Drive、iCloud などのクラウドに置くようになった。クラウドにあるデータがマスターであり、パソコンにあるデータはそのコピーという考え方になる。クラウドに置いたデータは、削除しても何日間かは復活できるなど、便利である。個人がバックアップを外付け HDD にとるのに比べると、データ消失のリスクは小さい。

　複数のパソコンのデータをクラウドで共有する場合、「同期できない」というトラブルが発生することがある。解決時に大量のファイルのダウンロードやアップロードが発生し、一日単位で作業がストップすることがある。

　また、クラウドに置いたデータが流出すると、ダメージが非常に大きい。クラウドを使う場合は 2 段階認証にすることが必須である。有料のクラウドを使う場合、クレジットカードなどで支払うことになる。クレジットカードの盗難などで、カード番号を変更し、その結果、支払いがストップすると、クラウドが使えなくなる。支払いが滞った場合、クラウドによって扱いが異なると思われるが、iCloud の場合、データが消えるということはなく、アクセスできなくなる。支払いを再開するとアクセスできるようになる。

　パソコンがウイルスに感染した場合、その時点でアクセス可能な範囲内にあるデータは全滅するリスクがある。例えば、ファイルを暗号化して身代金を要求するウイルスに感染した場合、クラウド上のデータ、そのクラウドを共有する全パソコン内のデータが暗号化されてしまう。そのような場合にも対処するには、パソコンから切り離された場所にバックアップデータを置くことが必要である。

　パソコンから切り離された場所にバックアップをとる場合、以下の手段が考えられる。

1 外付け HDD、外付け SSD、USB メモリ

2 BD-RE (Blu-ray Disc REwritable)、DVD-RAM (Digital Versatile Disc Random Access Memory)

1 は機器自体をパソコンに着脱するタイプのものであり、2 は直径 12 cm の円盤（ディスク）をパソコンに接続した光学ドライブ（あるいは内蔵ドライブ）を利用して記録するタイプのものである。2 の方が安価（メディアの価格。ドライブの価格は考慮しない）でかさばらずに済むが、容量は圧倒的に小さい。

2022 年の時点で、外付け HDD の容量は 2 TB ～ 8TB 程度、外付け SSD の容量は 500 GB ～ 2 TB 程度、USB メモリは 32 GB ～ 512 GB 程度が標準的なサイズである。「外付け SSD」と「USB メモリ」の中身はどちらもフラッシュメモリである。外付け SSD の方が大容量で読み書き速度は高速である。

DVD-RAM の容量は片面 4.7 GB、両面 9.4 GB である。

BD-RE の容量は 25 GB、50 GB (2 層)、100 GB (3 層)、128 GB (4 層) の製品がある。一番ポピュラーなのは 25 GB である。

DVD-R や BD-R は 1 回しか書き込みできないので、バックアップ用には DVD-RAM や BD-RE が適切である。

● プリンタ

カラー印刷のしくみを説明する。光の 3 原色は赤、緑、青である。人間の目はこの 3 色の強度バランスによって色を感じる。例えば赤色の物体が赤色に見えるのは、白色光（あらゆる波長の光を含んでいる）を反射するときに、赤以外の波長の光を吸収し、赤色光のみを反射するからである。

そこで表 6.2 の 3 色を用意し、任意の濃度で混ぜ合わせると、「赤」「緑」「青」の吸収率を任意に設定でき、任意の色を表現することができる。この方式を減色混合という。カラー印刷はシアン（Cyan）、マゼンタ（Magenta）、イエロー（Yellow）の 3 色のインクがあれば原理的には可能である。実際は 3 色を混合しても光を 100 ％吸収することはできないため、ブラックを加えて、4 色のインクを用いる。カラーインクの色は頭文字を並べて CMYK と呼ばれる（K は Key plate の頭文字で黒を表す）。

表 6.2　カラー印刷の 3 原色

色の名称	反射する色	吸収する色
シアン	緑　青	赤
マゼンタ	赤　　青	緑
イエロー	赤　緑	青

　液晶ディスプレイの画素は、赤緑青の 3 原色の明るさを、液晶のシャッタの閉じ具合を調節することにより、それぞれ 256 段階で調節することができる。それに対してインクを使った印刷は、インクの濃度を変えることができない。印刷では図 6.3 のように網点の大きさを変えることで、色の濃さを表現する[6]。

　商業印刷は 175 lpi（line per inch）で印刷されることが多い。175 lpi とは図 6.3 における網点が 1 インチ（2.54 cm）につき 175 個あることを意味する。175 lpi で画像を印刷するのに必要な元画像の解像度（単位は dpi：dot per inch）は lpi の 2 倍である。すなわち 350 dpi の画像が必要である（350 dpi は 1 インチ（2.54 cm）に350 個の点（画素）があることを意味する）。

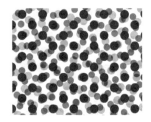

図 6.3　網点

　Word で文書を作成するとき「ファイル」→「オプション」→「詳細設定」の中に「イメージのサイズと画質」という項目がある。デフォルトでは「既定の解像度」が 220 ppi（pixel per inch: ppi と dpi は同じと考えてよい）となっており、印刷に必要な品質が確保できていない。この状態でファイルを保存すると、画像の解像度を 220 ppi に劣化させて保存する。これを避けるには、解像度を「330 ppi」あるいは「高画質」に設定するか、「ファイル内のイメージを圧縮しない」にチェックを入れる。「ファイル内のイメージを圧縮しない」にチェックを入れると、ファイル保存時に画像の解像度の劣化はないが、ファイルサイズが非常に大きくなる。

　プリンタの方式を大きく 2 つに分けるとインクジェットプリンタとレーザプリンタがある。おおよその傾向を表 6.3 にまとめる。

　これまでは、インクジェットプリンタは家庭用、レーザプリンタは業務

6　http://surusiru.com/services/922　より引用　アクセス 2022.12.14

用という棲み分けができていた。しかし 2022 年の時点で、業務用のインクジェットプリンタも販売されており、将来的に業務用がどちらに収束するかは不明である。

表6.3 レーザプリンタとインクジェットプリンタ

	レーザプリンタ	インクジェットプリンタ
印刷速度	速い	遅い
色の表現力	正確な色は苦手	発色が美しい
水への耐性	強い	弱い
大きさと重量	大きくて重い	小さくて軽い
価格	高価	安価

ここでは家庭で使用されるインクジェットプリンタについて説明する。

インクジェットプリンタのインクには染料インクと顔料インクがある。染料と顔料は少し乱暴だが以下のように例えることができる。染料インクは色付きのゼリーに例えられる。インクが紙に浸透して発色する。発色が鮮やかであり、OHP シートのように透明なシートに印刷し、裏から光を当てると美しく投影される。水に濡れるとにじむ。

顔料インクは不透明な色つき粒子に例えられる。それが紙に定着する。発色の鮮やかさは染料より劣る。OHP シートのような透明なシートに印刷し、裏から光を当てると、不透明な粒子は光を通さないので、くすんだ色となって投影される。水に濡れてもにじまない。

● スキャナ

スマホの内蔵カメラの解像度が向上したので、「読めればよい」という用途においては、書類をスキャンせずに写真を撮ることで代用できる。歪みがないスキャン結果が必要なときは、スキャナが必要である。

書類をスキャンするときの解像度について考察する。通常は 300 dpi（dot per inch）でスキャンする。1 inch は 2.54 cm であるから、300 dpi は 2.54 cm に 300 個の点があることを意味する。1 dot あたり約 0.1 mm である。10.5 pt の文字の場合、縦横に 50 dot 程度の解像度となる。多少品質が落ちても読めれば良いというのであれば、300 dpi で十分である。細かい文字が含まれていて、それを鮮明に表現したい場合は、スキャン対象に応じて 400

dpi あるいは 600 dpi でスキャンする。かつてよく使われた Fax の解像度は 200 dpi である。

　A4 を 300 dpi でスキャンした場合、画素数がいくらになるかを計算する。A4 のサイズは 21 cm × 29.7 cm である。インチに直すには 2.54 で割ればよいから、

$$21 \text{ cm} \times 29.7 \text{ cm} \Rightarrow 8.26 \text{ inch} \times 11.69 \text{ inch}$$

である。1 inch につき 300 dot（dot と pixel は同じ意味だと考えてよい）だから、それぞれに 300 をかけて

$$8.26 \text{ inch} \times 11.69 \text{ inch} \Rightarrow (8.26 \times 300) \times (11.69 \times 300)$$
$$\Rightarrow 2478 \text{ px} \times 3507 \text{ px} \fallingdotseq 869 \text{ 万 px}$$

となり、約 1000 万画素である。2022 年の時点でスマホ内蔵カメラの解像度は 1000 万画素を超えている。A4 一枚をコピーするのに十分な解像度と言える。

　2022 年の時点で写真はディスプレイで楽しむことが多く、印刷することは少なくなった。サービス版 L (8.5 cm × 11.5 cm) に印刷するときに、どの程度の解像度があればよいかを見積もる。商業印刷の解像度は 175 lpi であり、350 dpi 相当であった。8.5 cm と 11.5 cm をインチに直すと、

$$8.5 \text{ cm} \div 2.54 \text{ cm/inch} = 3.346\cdots\text{inch} \fallingdotseq 3.35 \text{ inch}$$
$$11.5 \text{ cm} \div 2.54 \text{ cm/inch} = 4.527\cdots\text{inch} \fallingdotseq 4.53 \text{ inch}$$

である（端数切り捨て）。1 inch につき 350 pixel だから、それぞれ 350 をかけて

$$3.35 \text{ inch} \times 4.53 \text{ inch} \Rightarrow 1172.5 \text{ px} \times 1585.5 \text{ px} \fallingdotseq 186 \text{ 万 px}$$

であり、200 万画素程度で十分である。

　スキャナでスキャンする場合、保存時のデータ形式（フォーマット）を選ぶ場合がある。データ形式とその圧縮内容を表 6.4 に示す。

表 6.4　データ形式とその内容

形式	圧縮内容
jpg, jpeg	非可逆
tiff, png	可逆
pdf	アプリによって異なると思われるが、通常は非可逆

データを保存するときに、ファイルサイズを小さくするために、圧縮を行

う。非可逆圧縮はデータを圧縮する際に劣化が発生する方式であり、元の画像を復元することはできない。可逆圧縮は完全に元の画像が復元できる。無圧縮時のデータサイズを 1 としたとき、非可逆圧縮は 1/10、可逆圧縮は 1/2 程度のサイズになる。写真をスキャンするときは非可逆圧縮で問題ないが、文字をスキャンする場合、非可逆圧縮ではモスキートノイズと呼ばれるノイズが発生し、文字の周りに黒い小さな汚れのような点が多数発生する。モスキートノイズが気になるときは、可逆圧縮を選択する。

写真は白背景に黒い物体が写っている場合でも、境界はボケており画素値の変化は滑らかである。一方、白い紙に書かれた黒い文字をスキャンすると、白い画素（明るさ max）の隣に黒い画素（明るさ min）がくる。画素値の変化が非常に急である。そのような場合、非可逆圧縮では大きな劣化がおこる。

画像の容量計算問題

横 4000 ピクセル、縦 3000 ピクセルの画像の総画素数はいくらか？ カラー画像 1 枚の容量は無圧縮のとき何 MB か？ jpg で圧縮したとき 1/10、png で圧縮したとき 1/2 になると仮定すると、ファイルサイズはそれぞれ何 MB か？

答え

総画素数は

$$4000 \times 3000 = 4\,\text{k} \times 3\,\text{k} = 12\,\text{M}\ (1200\,\text{万画素})$$

である。カラー画像は 1 ピクセルあたり RGB それぞれに 1 byte 必要だから、無圧縮の場合

$$12\,\text{M} \times 3\,\text{B} = 36\,\text{MB}$$

になる。jpg で圧縮したとき 1/10、png で圧縮したとき 1/2 になると仮定すると、1 枚の画像のファイルサイズは次のようになる。

$$\text{jpg}:\ 36\,\text{MB} \times 1/10 = 3.6\,\text{MB}$$

$$\text{png}:\ 36\,\text{MB} \times 1/2 = 18\,\text{MB}$$

=6.4　光ファイバネットワーク

　マンションや一戸建てで、光ファイバを引いている場合、典型的な配線は図 6.4 のようになる。ONU (Optical Network Unit) は光ファイバで送られてきた光信号を電気信号に変換する装置である。ここではフレッツ光を想定して電話局と表記した。ONU と Wi-Fi ルータは LAN ケーブルで接続する。ONU に Wi-Fi モジュールを取り付けている場合は、ONU が緑で囲まれた部分の役割を果たす。宅内の機器は Wi-Fi か LAN ケーブルで Wi-Fi ルータに接続する。

　光ファイバは図 6.5 (a) のような構造を持っている。直径約 10 μm のコアと呼ばれる屈折率が高い部分を、クラッドと呼ばれる屈折率が低い部分が取り囲み、光は同図 (b) のように全反射を繰り返して伝わる[7]。コアとクラッド

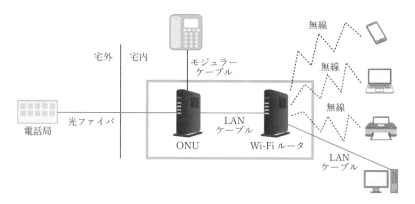

図 6.4　宅内ネットワーク

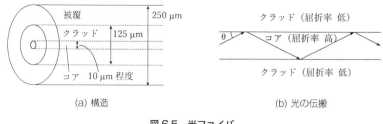

(a) 構造　　　　　　　　　　　　　(b) 光の伝搬

図 6.5　光ファイバ

7　厳密には境界で全反射するわけではない。境界の外側にも光はしみ出している。光は光ファイバにまとわりつくように伝搬する。

の屈折率の差は 0.3 % 程度と非常に小さい。光ファイバの中を全反射を繰り返して光が伝わるとき、図中 θ で示した角度が異なると、光がファイバ中を進む速度が異なることになり、入射端から入れたパルス状の波形が出射端において広がって判別不能になり、高速通信できない。コアとクラッドの屈折率の差を小さくすると、ある特定の角度 θ でのみ光が伝搬可能という状態になり、波形が崩れないので、高速通信できる。ゆえに、光ファイバのコアとクラッドの屈折率の差は非常に小さい。そのようなファイバをシングルモードファイバと言い、長距離の通信が可能である。

光ファイバの損失は 0.2 dB/km 程度である。3 dB は半分を意味するので、15 km（3 ÷ 0.2=15）伝送しても光の強さが半分にしかならない。30 km 伝送しても 1/4 である。通常のガラス[8]なら数センチで光の強さが半分になるのに比べると、その透明度は驚異的である。

光ファイバは電線と違って取り扱いに注意を要する。石英ガラスでできているので、小さい半径で曲げると折れてしまう（曲率半径 3 mm 以上なら耐えられる構造になっている）。折れると光は全く伝わらなくなる。電線が断線した場合、素人がはんだ付けや圧着端子を使って直すことができるが（推奨はしない）、光ファイバが折れた場合、修理するには融着装置が必要であり、素人では無理である。光ケーブルが折れた場合、交換で対応する。光ケーブルは電線に比べるとデリケートなので、やさしく取り扱わないといけない。

また、光ファイバは目に見えない赤外線で通信している。光ファイバから出射した目に見えない赤外線が目に入ると、網膜を損傷したり失明することがある。光ファイバを素人が扱うのは危険である。

=6.5　スマホとネット

2022 年の時点で私たちはスマホ（スマートフォン）を長時間使用している。スマホはネットワークに接続して使うことが前提となっている。本節ではスマホについて考察する。

8　板ガラスの透過率は以下のデータを参考にした　https://www.an.shimadzu.co.jp/apl/material/chem0501005.htm　島津製作所　板ガラスの日射透過率測定 /UV　アクセス 2022.9.25

● 携帯電話

スマホが普及する前は携帯電話を使っていた。携帯電話は英語では Cell Phone と言う。その理由を図 6.6 で説明する。同図は 3 個の基地局と X さんの位置を描いている。各基地局がカバーする範囲をセルと言う。例えば X さんに電話をかける場合、X さんのスマホが基地局 B のセル内にいることをキャリア（例：NTT docomo）は把握しておかねばならない。スマホと基地局は頻繁に交信し、スマホがどのセル内に居るかをキャリアはリアルタイムで把握している。

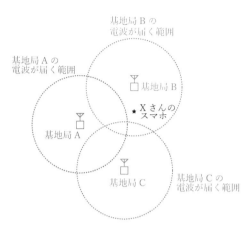

図 6.6　基地局とセル

スマホと基地局は電波で通信するので、電波が届かない場所は通信できない。その代表は地下である。2 章で地球は巨大な導体であると述べた。導体は電波を通さないので、地下には電波が届かない。ただしデパ地下や地下鉄など、大抵の場所は地下にもアンテナが設置されているので、通信が可能である。かつては、地下鉄に乗っていると、駅では繋がるが、駅間のトンネルでは繋がらなかった。当時は駅間のトンネル内にはアンテナが設置されていなかったからである。

スマホには GPS (Global Positioning System) が搭載されている。GPS は上空に位置する人工衛星からの電波を利用して、位置を測定するシステムである。衛星からの電波が受信できないと、位置を測定することができないので、空が見えないところでは基本的に使えない。

多くの人は Google Maps を使っていると思われる。Google に GPS 情報を提供することを承諾している人（デフォルトは使用中のみ提供）は、自分のスマホの位置を逐一 Google に知らせている。Google Maps の機能として、渋滞区間を表示したり、車で走行した場合の到着予想時刻を算出する機能がある。これは Google Maps を使っている全ドライバーの位置情報を逐

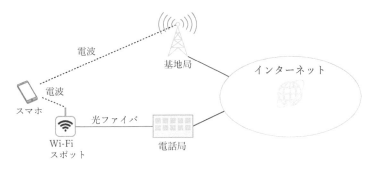

図 6.7 WiFi と LTE

一 Google が把握しており、その移動速度から算出していると推測される。

● Wi-Fi と LTE

図 6.7 に示すように、スマホをネットに接続する手段は 2 つある。一つは LTE（携帯電話用の通信規格）であり、スマホが基地局と直接通信する。キャリアに対する通信料金がかかる。もう一つは Wi-Fi スポットと通信する方法である。Wi-Fi スポットの先はほとんどの場合は光ファイバでインターネットと繋がっている。Wi-Fi で接続する方法は無料である。ただし、Wi-Fi スポットの管理者は何らかの方法でインターネットと接続しており、そのための料金をプロバイダに支払っている。

LTE 通信は遠くの基地局と通信するのに対して、Wi-Fi スポットとの通信は数メートルの距離なので、Wi-Fi を使う方が高速通信できそうに見える。しかし筆者の 4G スマホを fast.com[9] に接続して計測した場合、そうとは言えなかった。LTE 通信でも 10 Mbps 〜 150 Mbps の速度が出ており、十分高速であった。筆者はフレッツ NTT 西日本を使用しているが、自宅内の Wi-Fi ルータ経由でネットに接続した場合、通信速度は 100 Mbps 〜 150 Mbps であった。

● アプリと通信

スマホは様々な用途に使える超小型コンピュータである。スマホでアプリ

9　通信速度を計測するためのサイト。パソコンやスマホのブラウザで fast.com に接続すると、ネットワークの速度を計測し、その結果が表示される。

を使うとき、処理が「スマホで行われている」か「ネットの向こうで行われているか」を把握しておくと、より適切に使える。

　例えば「電卓」を使うとき、計算の処理はスマホで行われている。ゆえに、機内モードに設定して外部と通信できない状態にしても、電卓アプリは使える。一方、ほとんどのアプリは「スマホでの処理」と「ネットの向こうにあるサーバでの処理」を組み合わせて動作する。例えば iPhone で利用できる Siri というアプリがある。Siri に音声で質問すると、返答が音声で返ってくる。そのしくみを図6.8に示す。スマホは単に「マイク」と「スピーカー」の役割をしており、「音声

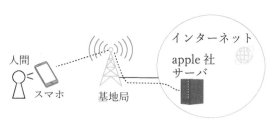

図6.8　Siri のしくみ

認識」「日本語解析」「人工知能による応答作成」などはネットの向こうにある apple 社のサーバが行っている。したがって、ネットに接続されていないと Siri は使えない。

● クラウド

　ここでは iPhone の使用者を例にとって説明する。iPhone の使用者は Apple ID を取得し、iCloud というクラウドサービスを利用する。図6.9に iCloud の概念を示す。iPhone で写真を撮ると、そのデータは iPhone の中に記録され、iCloud にアップロードされる。写真データのマスターは iCloud にあり、スマホは単なる画像表示器である。図6.9は iPhone、iPad、Mac PC を同一

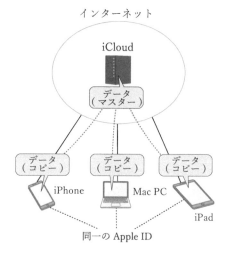

図6.9　クラウドの概念図

の Apple ID で運用する場合である。iPhone、iPad、Mac PC、iCloud の
写真データは同期し、常に同じ内容に保たれる。どれか 1 つの機器において
写真データを削除すると、iCloud 上のデータも削除され、同じ Apple ID
を持つ他の機器からも削除される。

　個人用 PC で管理するデータについても、かつては内蔵ストレージ内の
データがマスターであったが、今は DropBox、OneDrive、Google Drive
などをマスターとして運用している人が多いと思われる。

● Web メール

　Gmail をはじめとして、メールは
Web メールとして読むことが普通に
なった。Web メールの概念を図 6.10
に示す[10]。ここでは例として Gmail を取
り扱う。メールは Google の IMAP4
サーバに蓄積されており、スマホや
PC はそれを表示するための窓口であ
る。

　メールの読み書きは「専用アプリか
ら行う」あるいは「Safari や Chrome
などの Web ブラウザから行う」の 2
通りの方法がある。

　スマホにインストールした Gmail（ア
プリ名）は Google の IMAP4 サーバ[11]
と通信して、メールをスマホへ持って

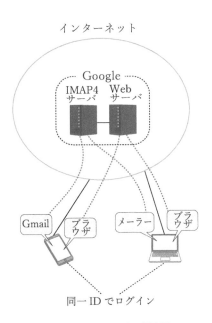

インターネット

図 6.10　Web メールの概念図

くる。スマホのブラウザは Google の Web サーバに接続してメールを読み
書きすることができる。Google の Web サーバは IMAP4 サーバと通信し、
メール読み書き用インターフェースを提供する。

　パソコンから Gmail を利用するときも同様である。メーラー（メールを
読み書きするアプリ：たとえば Outlook）から利用する方法とブラウザから

10　この図は簡略化した図である。本来は図中にメールサーバも描くべきである。
11　電子メールを読んだり管理したりするためのサーバ

利用する方法がある。

　スマホから利用する場合、専用アプリである Gmail の方が、小さな画面でも操作しやすいように最適化されているので、使いやすい。パソコンから利用するときは、メーラーで読むのとブラウザで読むのとで、操作性に大きな差はないように思われる。

　スマホから利用するときは専用アプリを使う場合が多い。Gmail 以外にも「Outlook メール」「Yahoo ニュース」「Yahoo 乗換案内」「Yahoo 天気」などの専用アプリがある。パソコンから利用するときはブラウザを利用する（Outlook は PC 版の専用アプリがある）。

● LINE

　LINE のしくみを図 6.11 に示す。スマホのアプリは 2 つに分類される。1 つは画面に表示されない状態のとき休眠状態になるアプリであり、もう 1 つは画面に表示されない状態でも裏で動き続けるアプリである[12]。LINE は後者に属する。画面に表示されない状態でも、動作しており、LINE サーバと通信している。LINE サーバから新着メッセージを受け取ったときは、そのことを通知する。

　LINE サーバ上のトークグループにメッセージ（文字や画像）を送ると、それをサーバが受け取り、サーバ内の情報を更新し、同じトークグループに属する全員にメッセージを送信する[13]。

　A さんと B さんの 2 人だけのグループで通信をする場合も、サーバを介して通信が行われ

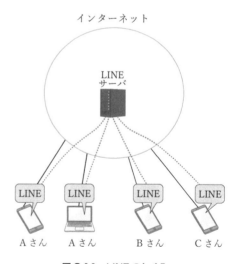

図6.11　LINE のしくみ

12　ここでは見かけ上の振る舞いで分類した。
13　この部分は推測で書いている。LINE のサーバ、アプリがどのような動作をしているかは公開されていない。

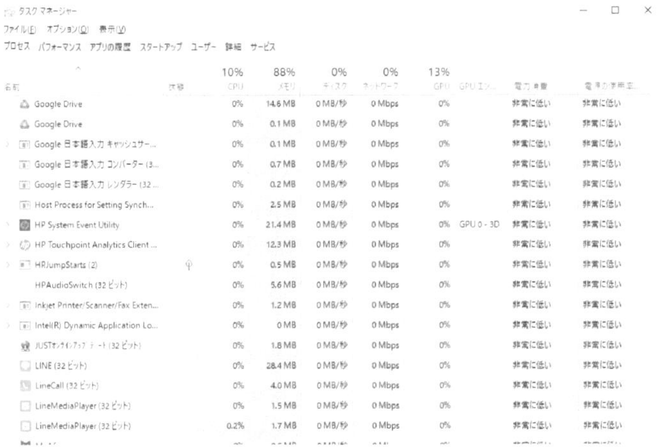

図 6.12 LINE を閉じたあとのタスクマネージャ

る。A さんと B さんのスマホが直接通信するわけではない。

　LINE のトーク履歴は各個人のスマホにはインストール直後からの全ての履歴が保存されるが、サーバに保存されるトーク履歴は一定期間経つと消去される。

　Windows 版の LINE は「×」マークを押して LINE のウィンドウを閉じても Word などの通常のアプリとは異なり、裏で動作し続ける。このことは Windows の場合、タスクマネージャを起動することで確認できる。

　図 6.12 は LINE のウィンドウを閉じた後の Windows PC におけるタスクマネージャの様子である。Line、LineCall、LineMediaPlayer (2 個) の合計 4 個のプロセスがバックグラウンドプロセス（窓をデスクトップに表示せずに裏で動作しているプロセス）として動作している。終了させるには、「Line」を左クリックして選択し、「タスクの終了」を押せばよい。残り 3 個のプロセスも自動的に終了する。あるいは、タスクマネージャ上の LINE アイコンを右クリックし「終了」を押せばよい。

　通知を on にしていると、メッセージが到着すると PC の画面に通知窓が開く。オンライン会議などで自分の画面を共有しているときに、プライベートなメッセージが表示される可能性があるので、会議中は LINE を終了させておくのが無難である。

著者紹介

薮 哲郎（やぶ てつろう）

奈良教育大学教育学部 教授。
1966 年生まれ。同志社大学工学部電子工学科卒業。
京都大学大学院工学研究科電気工学専攻修士課程修了。同博士課程中退。
博士（工学）。
大阪府立大学を経て、現職。
大阪府立大学在職時は光導波路の設計・解析の研究に従事。
現在は電気・情報分野の教材作成に従事。
著書に「世界一わかりやすい電気・電子回路」（講談社）、「光導波路解析入門」（森北出版）。

NDC592　143p　21cm

やさしい家庭電気・情報・機械（かていでんき・じょうほう・きかい）

2023 年 4 月 4 日　第 1 刷発行

著者	薮 哲郎（やぶ てつろう）
発行者	髙橋明男
発行所	株式会社 講談社
	〒 112-8001　東京都文京区音羽 2-12-21
	販売　(03)5395-4415
	業務　(03)5395-3615

KODANSHA

編集	株式会社 講談社サイエンティフィク
	代表　堀越俊一
	〒 162-0825　東京都新宿区神楽坂 2-14　ノービィビル
	編集　(03)3235-3701
印刷・製本	株式会社 KPS プロダクツ